JOY AT WORK

ORGANIZING YOUR PROFESSIONAL LIFE

怦然心動的工作整理魔法

風靡全球的整理女王×組織心理學家，
首度跨國跨界合作

近藤麻理惠 Marie Kondo
史考特・索南辛 Scott Sonenshein 著
謝佩妏 譯

好評推薦

一本教你從工作中找到樂趣的清楚指南，俯拾皆是實用的訣竅和心理學的智慧，我非常喜歡！

——安琪拉．達克沃斯，《恆毅力》作者

麻理惠和史考特是這個時代的超級英雄——提升工作效率和工作滿意度的最佳拍檔！這本書來得正是時候，裡頭有教人擺脫雜亂的辦公桌、整理行事曆，和過濾人脈的實用方法，以及常見的難題和正確心態。如果你想樂在生活，這本書就是最好的起點。

——丹尼爾．品克，《什麼時候是好時候》《動機，單純的力量》作者

麻理惠和史考特對人生和工作有深刻的理解：成功的關鍵很多時候來自減法，而非加法。期望擁有怦然心動的辦公室和職業生涯並樂在其中的人，這本書就是你在尋

找的答案。

——艾力克斯．班納楊，《第三道門》作者

從工作中找到樂趣不是神奇魔法，要靠努力才能得到。多虧有麻理惠和史考特的實用洞察，讓這個過程更加好玩。

——亞當．格蘭特，《給予》《反叛，改變世界的力量》作者

這本書是對抗雜亂職場生活的迷人解藥，將幫助你更樂在工作、善用時間和領導團隊，而且，超級好看！

——羅伯．蘇頓，史丹佛教授、《拒絕混蛋守則》《$11\frac{1}{2}$逆向管理》作者

本書融合麻理惠的整理術與史考特的行動力，將他們的神奇魔法帶入工作，幫助我們沉澱心靈後重啟步伐，帶來更多怦然心動的時刻。

——Jenny（ＪＣ趨勢財經觀點）

透過「整理」讓我們訓練大腦的決策與思維，提升你的軟實力與硬實力！一起來「整理」你的職場與人生！

——水丰刀（閱部客創辦人）

除了整理雜物外，麻理惠這次將整理魔法施展在工作上，透過辦公桌、會議與行程的整頓，我們將會更清楚自己要的人生。

——柚子甜（心靈工作者、作家）

這本書點出了「工作難受」的根本原因！非常受用！如果想要穩定工作情緒和提高生產力，請跟著這本書整理吧！

——末羊子（極簡Youtuber、整聊師）

藉由整理帶來的魔法，透過清除那些困住你的雜物和紙張，你就能精準掌握自己的人生與職場方向，找回專注力和創造力。

——廖心筠（收納教主）

獻給我的家人、我的家，還有一路走來給我力量、讓我心動的事物，謝謝你們。

——近藤麻理惠

獻給爸媽：我終於學會整理啦！

——史考特・索南辛

作者說明

這本書是我們兩人共同合作的結晶，我們各自撰寫一半的內容。麻理惠負責作者序、第一、第二、第三章和十一章，史考特負責其餘篇章，每一章也會補充另一位作者的想法。

書中的故事和例子都來自眞實人物。爲了方便閱讀和保護隱私，有時名字會加以更改。

目次

2 如果整理好又一直變亂

4 整理數位資料

5 整理時間

6 整理決策

9 整理團隊

10 跟他人分享整理的魔法

11 從工作中找到更多心動的感覺

〈作者序〉

麻理惠整理魔法的原點：辦公室

你的辦公桌總是淹沒在一堆又一堆文件底下嗎？糟了，我明天要交的報告跑去哪了？

不管你多常看信，電子信箱是不是永遠都清不完？「昨天我寄給你的email……？」什麼email？

你的行事曆上是不是排滿了你根本不想見的人的約會？

你每天都這樣一天過一天，因爲已經忘了自己眞正想做的事嗎？

做決策對你來說很困難嗎？

你是不是會問自己：人生就是這樣？就只是永無止境地劃掉清單上的待辦事項？

難道沒有方法可以爲自己的工作、事業和人生重建秩序嗎？

以上任何一個煩惱，都可以透過「整理」來解決。

但這本書不只是教人整理工作空間，還有如何讓工作的實體和非實體層面都清清爽爽、井然有序，包括數位資料、時間、決策、人脈，以及在職場生活中找到怦然心動的感覺。

很多人光聽到「整理」兩個字就卻步。「我已經夠忙了，哪有可能抽出時間整理！」他們反駁。「我要做的決定那麼多，根本沒想過要整理。」有些人說。還有人說：「我試過了。我把所有文件都整理了一遍，結果現在又變亂了。」

不少人覺得為工作怦然心動是不可能的事。「我整天困在毫無意義的會議中，『整理』不可能改變現狀，」他們堅決主張，「況且，很多事不是我能決定的。對工作感到心動簡直是天方夜譚！」然而，用正確的方式整理，正是為工作怦然心動的起點。

我五歲就迷上了整理，從學生時代就開始持續不斷研究整理的方法，十九歲還在上大學時便成為整理顧問。麻理惠的整理魔法，就是這些年我教人整理的經驗累積而成的心得。

我的整理法有兩個特點，一是簡單而有效，保證絕對不會再變亂；二是我有一套獨特的篩選標準，那就是選擇自己怦然心動的事物。當我們問自己「這個東西讓我心動嗎？」，就重新跟內在的自我連上線，從而發現對自己眞正重要的事物。到最後，行爲也會產生深遠的變化，走上正面積極的人生方向。

我在《怦然心動的人生整理魔法》中介紹了這套整理法，後來這本書翻譯成四十種語言，整個系列作品全球銷售超過一千兩百萬冊。過去幾年我到世界各地分享我的整理方法，這期間我反覆思考一個問題：我們要如何整理工作空間，爲工作怦然心動？

在大多數人眼中，我是整理居家空間的專家，不具有整理工作空間的專業，跟職涯發展更是扯不上邊。然而，在日本的公司上班的期間，業餘時我多半都在教其他公司的主管整理辦公室；後來連我們公司的同事都開始問我整理的方法。因爲忙不過來，最後我乾脆辭了工作，成爲全職的整理顧問。

我訓練的整理顧問也持續開課、辦講座，教人用麻理惠的整理法整理工作空間。他們互相分享知識和經驗，再根據所學所知微調授課內容。過程中，我發現了一件事：整理辦公空間對提升工作表現大有幫助，也會提高我們對工作的心動程度。

例如，有客戶告訴我們，他們的銷售成績在整理之後提高了二〇％，工作效率也比之前更高，甚至能提早兩小時完成工作。此外，他們開始重新衡量工作的意義，並對工作重燃熱情。職場生活透過整理，在物質或精神層面都提升的例子不勝枚舉，正如同整理居家環境能使我們對自己的人生怦然心動，整理工作空間也會讓我們對工作怦然心動，幫助自己變得更有條理，達成更高的目標。這本書就是在介紹這套整理法的祕訣。

工作中的一切當然不是都能以「是否感到心動」來衡量，畢竟公司有規定要遵守，上司的決策也會影響我們的工作，我們也得跟同事互相合作。況且，並不是把工作空間整理乾淨，工作就會一帆風順。要真正對職場生活怦然心動，整理範圍就得涵蓋各個層面，包括電子信箱、數位資料、跟工作相關的任務，還有會議。

這就是本書另一位作者擅長的領域。史考特．索南辛教授是組織心理學家，任教於萊斯大學商學院，也是研究職涯如何更快樂充實的領航者。他的著作題材廣泛，包括如何創造更正面而有意義的職業生涯、工作如何更有效率和生產力，以及爲職場上的問題解套。他的暢銷著作《讓「少」變成「巧」：延展力》就是他的研究成果，書中教我們善用既有的技能、知識和物品，在工作中有所成就和得到滿足，他也因此成爲教人如何樂在工作的頂尖專家。史考特在本書中提供最新的相關研究和資料，以及整理非實體工作空間的實際做法。

我們在第一章分享跟整理相關的資料，相信一定會激起你動手整理的動力；第二和第三章則教你如何整理工作空間；第四到第九章教你整理數位資料、時間、決策、人脈、會議和團隊；第十章說明如何讓整理在公司造成的效果加倍；第十一章跳脫整理的框架，指出哪些行動能在日常工作中增加更多心動的感覺，以及何種心態和方法能通往怦然心動的職業生涯。這一章放進了我的親身經驗，希望刺激讀者思考如何才能為自己的工作怦然心動。

我們希望讀者把這本書當作一把鑰匙，一步步開啓怦然心動的職業生涯。

1

為什麼要整理？

星期一早上走進辦公室，第一個映入你眼簾的是什麼？很多人第一眼看到的都是辦公桌，上面堆滿各種東西！一堆堆文件、散落的迴紋針、放了很久都沒拆的信、沒翻過的書，還有黏滿便利貼提醒自己的筆記型電腦；而桌子底下通常是客戶給的促銷贈品。我相信很多人看到這幅景象都會長嘆一聲，納悶自己在這麼亂的桌上怎麼能完成任何工作。

亞紀在一家房仲公司上班，她就深受雜亂的辦公桌困擾。雖然她的桌子不大，桌面不過跟她的手臂一樣寬，也只有三個抽屜，卻老是找不到東西。每次開會前，她都忙著找眼鏡、原子筆或文件夾，而且找不到時經常得重新列印一次資料。她有很多次都覺得受夠了，下定決心要整理桌子，但每到傍晚就累到不行，決定等「明天」再說，於是把當天用過的文件堆在一邊就下班回家。可想而知，隔天她照樣還是得在堆滿雜物的辦公桌上找到需要的東西後，才能開始工作。等到終於開始工作，她都累了。她告訴我：「坐在堆滿雜物的辦公桌前，心情實在好不起來。」她會這麼覺得，其實有很好的理由。

雜亂的破壞力

很多研究都指出，雜亂的環境對人造成的損害遠比我們想像的大，而且各方面的損害都有。在針對一千名美國上班族的調查中，高達九成覺得雜亂對生活有負面的影響，這些人提出的前幾名原因包括：生產力降低、心態變得負面、喪失動力，還有愈來愈不快樂。

雜亂也對健康有負面的影響。根據加州大學洛杉磯分校的研究，身邊堆太多東西會讓皮質醇濃度升高。皮質醇是一種壓力荷爾蒙，長期皮質醇濃度過高，人就容易憂鬱、失眠或精神失調，身體也會因爲壓力太大而出問題，罹患心臟病、高血壓和糖尿病等疾病。

此外，近年的心理研究發現，雜亂的環境也會影響大腦。周遭環境如果很雜亂，大腦因爲忙著處理周圍的資訊，就無法專注於當下該做的事，例如處理桌上的工作或跟其他人溝通。我們開始覺得無法集中精神、有壓力、焦慮不安，決策能力也會大打折扣。這麼看來，雜亂就像一個把痛苦不幸都吸引過來的大磁鐵。其實，根據研究資料，像我一樣看到房間很亂就很興奮，迫不及待要開始整理的人，還眞是少之又少。

不過，受影響的不只是個人，雜亂對公司企業一樣有害。你曾經在辦公室找東西找老半天，甚至怎麼找都找不到嗎？幾乎有半數上班族，一年都會弄丟一樣跟工作有關的重要物品，或許是資料夾、計算機、隨身碟、公事包、筆電或手機。東西丟了買新的要花錢，找不到東西也會造成精神壓力，並製造不必要的浪費，汙染環境。但最大的損失是找東西所花費的時間。根據調查，一個員工每年花在找東西的時間平均是一星期的工作時間，四年就是一個月。若把損失的生產力換算成金錢，光是美國，一年就損失約八百九十億美元，相當於全球五大企業的營收加起來的兩倍有餘。

這些數字非常驚人，卻是鐵錚錚的事實，雜亂造成的影響可能具有破壞力。不過，大家也不必太擔心，這些問題都可以藉由「整理」來解決。

整理工作空間，我的人生就此改變

大學畢業之後，我進入一家人力仲介公司的業務部門工作。然而，加入職場的興奮喜悅很快就消失。新職員剛進公司遇到困難雖然很正常，但我的業績一直沒有起色。那一年錄取的十五個新人當中，我永遠是倒數前三名。

我一大早就到公司，花一個又一個鐘頭打電話跟潛在客戶約時間碰面，趕去赴這些好不容易敲定的約，然後趁空檔列出更多潛在客戶。晚上就在辦公大樓的商店匆匆吃碗麵，吃完再回辦公室讀資料。我好像整天都在工作，卻又覺得一事無成。

有一天，打完另一輪令人沮喪的業務電話之後，我長嘆一口氣放下話筒，低下頭，灰心地看著我的桌面，發現桌子一團亂，我猛然一驚。電腦鍵盤周圍堆滿過期的銷售單、寫了一半的合約、茶還沒喝完的紙杯、皺巴巴的茶包、放了一個禮拜的瓶裝水、潦草記下同事銷售祕訣的紙條、某人推薦但我還沒讀的商業書、少了筆蓋的原子筆、本來要用來釘紙卻忘在一邊的釘書機……

我不敢相信自己的眼睛。怎麼會發生這種事？我從大學時代就開始擔任整理顧問，對自己的整理技巧充滿自信。如今，我的時間都被新工作占據，不但根本沒時間接整理顧問的工作，連打掃家裡的習慣都開始鬆懈。不知不覺中，我跟內在的「整理達人」漸行漸遠。難怪我會工作不順。

我大受打擊，隔天早上我七點就到辦公室整理桌子。我使出這些年來磨練的看家本領和累積的知識，一個小時內就整理完成。我的工作空間立刻告別雜亂，變得乾淨清爽。桌上只剩下電話和我的電腦。

我雖然很想說我的業績從此一飛沖天，但改變不會來得這麼快。然而，我在桌上工作的時候確實開心多了。需要的文件馬上就能找到，趕去開會前不會再找東西找得手忙腳亂，回到座位也能立刻投入下一件工作。漸漸的，我開始在工作中感受到更多樂趣。

我一直很熱愛整理，也有一股「把家整理好，就能改變人生」的強烈預感。但現在我才驚覺，整理工作空間也一樣重要。坐在煥然一新的辦公桌前，我體悟到保持桌面乾淨會讓工作更有趣，我也會更愛這份工作。

整理爲什麼能提高工作表現？

「我的桌子很亂，我覺得很不好意思。」我的同事麗莎有天向我坦承。她跟我在同一個樓層辦公，看到我把桌子整理得那麼乾淨，她非常好奇，開始來找我求助。她說她從小就很不會整理，家裡堆滿了東西，還說她現在住的公寓也一團亂。「我從小到大都不會整理，甚至從沒想過要整理。」她說。但成爲上班族之後，她發現不管跟誰比，自己的桌子都亂很多。

麗莎的故事並不少見。住家和辦公室最大的不同，就是工作的地方有別人看得到。在家裡，就算衣服和書丟到滿地都是，也幾乎沒人看見。但辦公室是大家共用的空間，桌子乾淨整齊或亂七八糟全都攤在別人面前，一眼就能看出差別。意想不到的是，這對職場生活的影響遠超過一般人的想像。

多份針對員工評價的研究顯示，一個人的工作空間愈整齊，在別人眼裡就愈可能是聰明、溫暖、沉著、有野心的人。另一個研究也發現，這樣的人會被認爲是親切、和善、勤勞、有自信的人。這些形容詞聽起來就像成功人士的特質。此外，研究發現這樣的人更容易獲得他人的信任，也更可能升遷。他人的良好評價不但對職涯發展很重要，研究也一再證實，我們會努力達成他人對我們的期望；期望愈高，我們就更有自信，表現通常也更好。這種現象叫作「畢馬龍效應」（Pygmalion effect），是根據老師對學生的期望愈高、學生的成績就愈好的研究發現而形成的理論。畢馬龍效應在職場上也一樣重要，員工的表現同樣會因爲他人的期望而進步或退步。

我們從這些研究可歸納出三大重點。整齊的桌子會提升他人對你的品格和能力的評價，我們的自尊和動機也會隨之提高，最後就會更加努力工作，表現也就更好。這樣看下來，整理好像挺划算的，不覺得嗎？

用我教的方法整理完工作空間之後，麗莎的業績進步，深獲老闆的讚賞，她對工作的自信也日漸提升。至於我，雖然不像麗莎那麼厲害，但我的整理功力在公司獲得高度評價，我覺得很開心。

愈亂愈有創意？

乾淨而空無一物的桌子很枯燥無趣。「如果桌子堆滿東西就表示腦袋塞滿東西，那空空的桌子代表什麼？」這句話據說是天才物理學家愛因斯坦說的。無論他是否眞的說過這句話，他的桌上似乎堆滿了書和紙張；同樣地，畢卡索作畫時周圍也堆滿了凌亂的畫作；蘋果電腦創辦人賈伯斯據說甚至故意在辦公室堆滿雜物——天才在凌亂不堪的空間裡工作的傳說多不勝數。無獨有偶，最近明尼蘇達大學做的一項研究也指出，在雜亂的環境下工作更能激發創新的構想。

或許是因爲這類說法隨處可見，就常有人來問我：「可是桌子亂不是很好嗎？」「不是可以激發創意嗎？」如果你也很好奇凌亂的桌子會不會提高你的生產力，還有這本書值不值得你繼續讀下去，不妨試試以下的小練習。

首先，在腦中想像你的辦公室、工作室或辦公空間的辦公桌，如果你現在就坐在桌前，那就仔細看看四周，接著回答以下問題：

- **你在這裡工作眞的有正面的感受嗎？**
- **每天在這張桌子上工作，你眞的有心動的感覺嗎？**
- **你確定你有充分發揮自己的創造力嗎？**
- **你明天眞的想再回來這裡工作嗎？**

問這些問題不是故意要讓你難受，而是要幫助你了解自己對工作環境的感覺。如果以上問題你都毫不猶豫地回答「是」，那麼你對工作的心動程度就高得令人羨慕。但如果你的答案模稜兩可，甚至覺得自己的心在往下沉，即使只有一點點，那麼整理絕對值得你一試。

坦白說，雜亂或乾淨的桌子哪個比較好，其實並不重要。重要的是，你要清楚自己在什麼環境下工作覺得開心，還有你開心的標準是什麼，而整理就是找出答案最好的方法。我有很多客戶使用這個方法來整理家裡，完成之後家裡變得空曠而簡單，他們才發現自己想要更多裝飾，於是就開始增添喜歡的擺設。人往往都是在整理過後，才會發現自己對什麼樣的環境心動。

你是哪一種人？是整理過後更能輕鬆發揮創造力？還是愈亂愈有創意？無論你是哪一種，整理過程都能幫助你發掘，哪種工作空間最能讓你怦然心動、創意泉湧。

史考特的組織心理學家工作術

累積雜物的惡性循環

研究顯示，雜亂之所以會降低我們對工作的喜歡程度，有兩大原因：

第一，大腦超載。周圍堆積愈多東西，大腦的負荷就愈大，當要辨認、體驗及享受對我們來說最重要（帶來樂趣）的事，就愈加吃力。

第二，當我們被物品、資訊和工作淹沒時，就會失去掌控感和選擇的能力。因爲不再能採取主動或選擇，我們漸漸忘了工作是實現夢想和抱負的途徑，也喪失了對工作的熱愛。更糟的是，人一旦失去掌控感，就會開始累積更多不想要的東西，同時在罪惡感和整理的壓力之中痛苦掙扎。結果呢？無限期逃避整理，雜物愈堆愈多，變成惡性循環。

累積非實體雜物要付出高昂的代價

不只辦公桌需要整理，非實體雜物也壓得我們喘不過氣。尤其，現代科技製造了電子郵件、電子檔案和網路帳號這一類的數位雜物；再加上開不完的會和其他待處理的事，要掌控所有的事似乎根本不可能。要打造真正讓人心動的工作方式，不只是實體空間，而是每個層面都要整理。

有項調查指出，一般上班族每天都要花大約一半的上班時間處理電子郵件，還有信箱裡平均一百九十九封未開的信件。根據創意領導中心（The Center for Creative Leadership）的報告，九六%的員工覺得自己在浪費時間處理不必要的信件。此外，大多數人安裝的電腦程式有將近三分之一都從未用過。光從這些例子就知道，我們工作時被數位雜物給淹沒了。

那麼，使用各種網路服務所需的資料呢？網路使用者平均每個電子信箱都綁了一百三十個網路帳號，即使有些帳號可以合用，例如使用Google或Facebook的帳號登入，但現代人要記住的帳號和密碼還是多得驚人。只要想想你要是忘了密碼會發生什麼事：輸入一遍又一遍的帳號和密碼還是錯誤，最後你乾脆放棄，重設一個。

不幸的是，從統計數字看來，這種經驗往往一再發生。根據一份針對英美兩國勞工的調查，因爲忘記或打錯密碼而損失的生產力，每年每個員工至少相當於四百二十美元；一間約有二十五名員工的公司，一年就超過一萬美元。或許我們應該成立「忘記密碼基金」，每當有人忘記密碼就自動捐出一筆錢，用這筆錢來造福社會。

開會也占去我們很多的工作時間。一般上班族一個禮拜要浪費兩小時又三十九分鐘在徒勞無益的會議上。在一項針對高階經理的調查中，大多數受訪者對公司的會議都表示不滿，說這些會議效率差、浪費時間、妨礙他們做更重要的事，也無法讓團隊更加團結。開會是爲了讓公司更好，諷刺的是，負責找大家來開會的人，卻覺得會議對公司有害無益。浪費時間的會議一年花費約三千九百九十億美元。想到這個，加上忘記密碼造成的損失，再加上花在找東西的時間換算成的八百九十億美元，我忍不住想：政府要是對這種「雜亂」課稅，國庫不知會多出多少稅收？瘋了！我知道，但總之……

從第四章開始，史考特會詳細教大家整理非實體雜物。現在只要記住，你得先克服一些障礙，才能對工作怦然心動。這表示你有很大的進步空間。想像你不只整理了辦公桌，還有電子信箱、檔案和其他數位資料，而且所有會議和各種任務都掌握在你手中。試想，這樣的工作會多麼讓人樂在其中。

整理幫你找到目標

我還是上班族的時候，比我早兩年進公司的同事問我要如何整理工作空間。整理期間，她跟我說：「我是來公司工作賺錢的，不是來享受的。趕快做完工作，下班後再好好享受，生活才更有樂趣。」

每個人都有自己的工作方法和思考模式。我知道有些人的工作態度跟我同事一樣，但我要坦白地說：那太可惜了吧！當然，我們來上班是拿錢辦事，所有工作都是我們的職責。如果是在大公司上班，很多事我們都沒有掌控權。只要我們是社會的一分子，期望別人優先考量我們的幸福快樂，就是不切實際的想法。跟整理家裡私人空間不同的是，整理辦公空間無法保證辦公室或工作上的一切都能給我們心動的感覺。

儘管如此，直接放棄打造令人心動的工作環境，純粹爲了責任而工作還是很可惜。公司是我們僅次於家裡待最久的地方，在人生的某些階段，我們待在公司的時間甚至比在家還多。工作是人生很珍貴的一部分，發揮所長的同時，如果能稍微樂在工作一些，不是很好嗎？如果要樂在其中，爲什麼不用周圍人也會開心的方式工作呢？

有些人或許會想：妳說得容易，但我就是討厭我的工作，完全無法想像爲工作心動。即使如此，我還是建議你試試「整理」這個方法。整理可以幫助你找出自己眞正想要的東西，看見自己需要改變的地方，並在工作環境中找出更多心動之處。或許聽起來好得不可思議，但確實就是如此。

我見證過客戶透過整理改變了職場生活。例如有位客戶整理書的時候，想起了兒時的夢想，最後辭掉工作自己開公司；有個老闆整理文件時發現了公司的問題，於是做了大膽的改變；另外一位客戶在完成整理之後認清自己想要的生活方式，決定換工時少一半的工作。這些改變會發生，並不是因爲這些人與衆不同，不過就是一件一件檢查眼前的東西，決定要留下還是丟掉，一點一點累積而成的結果。

「這本來是我夢想的工作，但現在爲了應付源源不絕的任務，我忙得昏天暗地，每天只想早點回家。」

「我不知道自己想做什麼。我試過很多不同的工作，但就是不知道自己眞正想要的是什麼。」

「我把全部心力都投入工作才走到今天，現在卻懷疑自己適不適合這一行。」

如果你對自己的工作或行業有類似的懷疑，現在開始整理就是最適合的時刻。整理絕對不只是把東西收好而已，而是一個會讓你的人生從此翻轉的大工程。書中所分享的方法，不只是爲了要讓你有張乾淨整齊的桌子，而是要你透過整理，展開跟自己的對話。問自己一開始爲什麼工作、想要什麼樣的工作方式，從中發掘自己重視的事物。過程中，你會漸漸看清你所做的每件工作，跟讓人心動的未來之間的關聯。最後，整理的眞正目標在於，發掘工作中是什麼讓你怦然心動，幫助你徹底發揮所長。

邀請你一起加入，親身體驗透過整理爲自己的工作怦然心動的魔法。

2

如果整理好
又一直變亂

「先生，你眞的應該整理一下辦公桌！」

我曾經不小心對一名潛在客戶這樣脫口而出。那是我在人力仲介公司第二年的夏天，我的工作是推銷我們的招募人才服務。那就表示要找出每家公司需要的人才，爲不同職位介紹合適的人選。我負責的是中小型公司，員工才十人或少於十人的公司，很少有自己的人事部門，公司老闆往往大小事都得負責，包括雇用員工。我說話的對象就是這家公司的社長。他看起來憔悴又疲憊，只對我拋下一句：「我很忙，要是有祕書就好了。」

意識到自己扮演著人力仲介的角色，於是我問：「如果你雇用祕書，你希望他負責什麼工作？」

「讓我想想，」他不確定地說，「我當然希望他能幫我整理文件和文具。妳知道，就是有人在我需要的時候遞給我適合的筆。如果也能幫我整理桌子，那就太好了。」

我就是從這裡開始說錯話的。「但你可以自己整理啊！」我大剌剌地說。話一出口，我就意識到自己有多失禮，更何況我是在告訴他，他根本不需要祕書。到手的生意就這樣飛了！

但他繼續接下去說，好像根本沒發現。他愈說，我愈清楚一件事：整理不是他的強項。他生長在「雜亂是常態」的家庭，老是丟三落四。做第一份工作時，老闆甚至說他亂到無可救藥，直到現在心裡還是有陰影。

這位老闆說完之後，我問他介不介意讓我看一下他的桌子——就在我們見面的地方後面的隔間。只看一眼我就恍然大悟。那是一張樸素的灰色辦公桌，但中間的電腦被書籍、文件和信件堆成的疊疊樂包圍，就像隨時會崩塌的未來摩天大樓。那時候我週末已經在兼職當整理顧問，忍不住要告訴他，他真的應該好好整理桌子。

整理的「心態」是關鍵

我們的整理課就是這樣開始的。當然了，那得在工作以外的時間進行，所以我們都約一大早或下班後。上完課之後，他的辦公室變得乾淨又整齊。更棒的是，他對成果很滿意，因此又把我介紹給更多老闆，我的業績迅速提升。之後我去找新客戶時，都會瞄一眼老闆的辦公桌。我在對話裡塞進一些整理建議的機會愈來愈多，不知不覺我的顧問工作的生意也跟著變好。

然而，老實說，我的學員之中有些最後還是會打回原形。不是所有人上完我的課之後，辦公室都能繼續保持整潔。能夠保持和無法持續的人，差別在哪裡？答案就是：一**開始的心態**。

工作上的資料常常更新，因爲會收到新資料，不同專案的內容也會更改。這麼一來，文件和紙張就會迅速累積。即使一口氣整理好桌子，要避免再度變亂，就得時時保持自覺。這需要一種心態，一方面要有遠離雜亂的強烈動機，二方面要了解自己爲什麼想要整理。

我認識的那些一口氣徹底整理成功的人當中，大多數都是自己主動去做這件事。他們一開始就有「想要成爲什麼樣的人」和「想要過什麼樣的生活」的清楚概念；相反地，沒有想清楚這些事就開始整理的人，甚或希望別人幫他們整理的人，常常第一次整理完之後又會再度變亂。

所以讓我問你一個問題：你爲什麼想要整理呢？

如果你的答案是想提升工作表現或減輕壓力，那也無妨。但要有強烈的動機，你的答案必須更加明確，並用清楚具體的語言描述理想的工作方式，還有你希望整理對人生造成的影響。所以開始之前，先想像一下理想的職場生活。

想像理想的職場生活：用電影畫面呈現環境、行爲與感受

整理的第一步，就是詳細確實地想像工作的情形，同時問自己對什麼樣的職場生活感到心動，還有你重視工作上的哪些價值。這些都是成功的關鍵。

每次說到這個主題，我都會想起美智子寫給我的一封信。她來上過我的整理課，是一家醫療器材製造商的員工。還沒整理之前，她的桌上總是堆滿一層層有如千層派的紙張。她寄來的信件標題是：「理想的職場生活達成！」信中她寫道：

早上才剛到辦公室，我就興奮不已。桌上除了手機和盆栽，什麼都沒有。我從架上固定的收納處拿出筆電和電線，把筆電設置好，然後把上班途中買的咖啡放在我最喜歡的杯墊上，再用薄荷香味的噴霧朝空中噴幾下，深呼吸之後才開始工作。一切東西都各就其位，所以我不用浪費時間找東西。東西用完之後我只花一秒鐘就能歸位。整理完已經過了兩個月，連我自己都不敢相信，我每天早上仍然那麼開心！

美智子的信洋溢著喜悅，讀起來就像教科書上的經典案例。我之所以在這裡分享，是因爲這封信包含了想像自己理想職場生活的關鍵。重點在於，用有如電影的鮮明畫面，想像整理完後一整天的工作情形。畫面中應該包含三個要素：外在環境、你的行爲，還有你的感受。想像你的辦公空間是什麼樣子，例如桌子乾乾淨淨，東西都收納整齊；你在那裡做什麼事，比方享受香醇的咖啡或聞到提神醒腦的香氣；你做這些事時的感受，或許是興奮、充實或滿足。

描繪理想職場生活的鮮明畫面時，要把這三個元素視爲一個整體。不過，最重要的是，想像你在理想的工作環境下的**感受**。閉上眼睛，想像早上你走進辦公室的畫面。如果腦中沒出現任何畫面，就想像美智子說她走到桌前的情景，然後觀察自己的感受。你的心跳有加速嗎？有感覺到一股開心的暖流在胸口蔓延開來嗎？

當我們想像每個細節，甚至連情緒引起的生理反應都不放過時，不只會形成理性的認知，理想目標也不再遙不可及。這麼一來，維持這種狀態的渴望自然會變得強烈，幫助我們保持動機。

想像理想的職場生活時，還有一個重要的層面要考量，那就是時間框架。想想你一天的工作流程：早上去上班，中午休息，結束工作下班回家。想像你的工作空間在不同時段的樣子。當我們像這樣從不同角度檢視自己的理想時，就會漸漸知道想採取的下一個具體步驟，從「增添色彩」到「歸檔更方便」都有可能，這能進一步提高我們的動機。

想像理想的職場生活，對整理非實體雜物也很必要。例如，當你在整理電子信箱時，想像自己希望如何處理來信，然後想想收件匣裡有多少信件對你來說最剛好。整理時間時，想像每種工作需要的時間，還有做這些工作時的感受。從不同角度重新審視這些理想狀態，例如生產力、效率，還有你跟團隊成員的關係。**唯有根據明確的理想工作模式來設定整理目標，你才會以正確的心態展開整理工作。**

史考特的組織心理學家工作術

用測驗找出怦然心動的工作模式

想像理想的職場生活對你來說很難嗎？這裡有個測驗能快速幫你找到怦然心動的工作模式。以下有十二個問題，用一到五來評分，寫下你同意或不同意的程度。沒有正確或錯誤的答案，只要傾聽內心、誠實作答就可以了。（1＝非常不同意，2＝不同意，3＝兩者皆非，4＝同意，5＝非常同意）

＿＿我從學習新知中獲得許多樂趣

＿＿我熱愛工作中的挑戰

＿＿我從與比我專業或有能力的人共事中獲益良多

＿＿總分

＿＿我希望工作時間很彈性

＿＿我希望能在工作中放心表達意見

＿＿我希望工作的自由發揮度很高，不會被管

＿＿總分

＿＿我想盡量多賺一點錢

＿＿我想要掌控自己的工作

＿＿我很重視他人的讚賞，例如同事、客戶或主管

＿＿總分

＿＿結交真心的朋友對我來說是工作中最重要的事

＿＿我喜歡在工作中幫助他人

＿＿比起獨立工作，我更喜歡跟同事密切合作

＿＿總分

把每一組的三個分數加起來，你總共會得到四個總分。第一組問題重視的是學習，第二組是工作自由度，第三組是工作成就，第四組是人際關係。你得到的分數顯示你對每一組問題的重視程度。總分十二以上就表示你對那一組特別重視。

那麼，對你來說最重要的面向是什麼呢？一旦找出答案，就能幫助你想像自己理想的職場生活。

一口氣整理完就不會再弄亂

「我已經整理過桌子N次了，但不知不覺又亂成一團。」

整理完又「打回原形」是大家最常問我的問題。只要是曾經整理過的人，至少都會有一次這種經驗。就拿我的同事絢的例子來說好了。「我很常收桌子，妳知道的，」她邊說邊帶我看她的桌子，「或許看不出來，但其實整理對我來說不難。」

當我看到一張看似乾淨整齊的桌子時，我會很快瞄一下桌面，然後再檢查幾個視線範圍以外的地方。第一個是抽屜。打開抽屜，我看到的往往是一堆沒用的原子筆、舊名片、四散的迴紋針和橡皮擦、放了很久的護唇膏、一包過期的口香糖、營養品、塑膠餐具、餐巾紙，還有大概是外帶午餐附的番茄醬和醬油包。

接下來我把椅子拉開，蹲下來檢查桌子底下。我伸手把塞在下面的紙箱和紙袋拉出來，裡頭通常塞滿了書和文件，還有衣服、鞋子跟零食。我的舉動引來訝異的眼神。「妳是說桌子底下也要整理？」大家問我。因為只整理桌面是不夠的。

如果你想徹底整理，以後再也不會變亂，就要鎖定一個簡單的目標：**確定工作空間裡每樣東西的位置**。你有哪些東西和多少東西？你把東西收在哪裡？哪一類東西因爲你的工作性質增加得很快？你要把這些東西放在哪裡？只有當你確實掌握這些東西時，才能說你已經整理完畢。

要如何達成這個目標？那就是**按照類別，一口氣徹底把工作空間整理好**。如果你今天整理桌面，明天整理第一格抽屜，後天再整理一格抽屜，等有空再一點一點丟掉東西，那樣的話永遠都整理不好。首先，撥出一段整理的時間。然後，按照類別把東西集中在一起，決定哪些該留，哪些該丟。完成之後再來決定留下來的東西的收納地點。按照這樣的順序整理，才不會功虧一簣。

從第三章開始，我跟史考特會詳細說明如何按照類別，整理實體和非實體的雜物。現在你只要記住成功整理的關鍵：按照類別整理，一口氣在短時間內整理完畢。無論整理的是辦公室或家裡，這都是麻理惠整理魔法的精髓。

聽起來或許很難，但別擔心，整理工作空間比整理居家空間簡單多了。

首先，辦公室比家裡小很多，物品類別也比較少，更容易決定哪些東西要留下和收納在哪裡，花的時間也少很多。用麻理惠的整理法整理家裡，即使是自己一個人住、東西不是太多的住家，至少也要三天；如果是一個家庭，則大概要一個禮拜到幾個月，視家裡的東西多寡而定。相反地，整理一張辦公桌，平均只要五個小時，看你從事的是何種類型的工作，甚至有可能只要三小時；即使是工作空間較大的人，例如有自己的隔間或辦公室，通常最多也只要十個小時。所以如果你可以撥出兩天的時間，應該就能整理完實體的工作空間。

如果撥出時間整理，對你來說眞的有困難，沒辦法空出完整的五個小時，那就拆成好幾次整理。我的客戶最常用的方式是提早兩小時到辦公室，分三次整理完。我發現，把整理時間排得很近的人會形成一種節奏，加速整個整理過程。所以如果你能空下來的時間有限，我建議你把整理的時間排近一點，這樣才不會後繼無力。把整個過程拖得太長，導致每次都得重新開始反而浪費時間，是最沒效率的整理方式。

我說的「一口氣在短時間內徹底整理完畢」，指的是：一**個月內**。有人很驚訝居然可以花那麼久的時間，但你忍耐了雜亂的辦公桌那麼多年，相較之下，一個月其實不久。雖然能在一、兩天內完成當然很好，但就算久一點也無所謂。重點是要給自己設一個期限。例如，你可以規定自己要在月底整理完，並訂出明確的整理時段。如果你抱著「有時間再整理」的心態，那麼永遠都整理不完。

用正確的方式一口氣整理完，然後爲每樣東西指定一個收納位置。一旦確立每樣東西的位置之後，就算東西漸漸變多，也不會找不到。正是因爲如此，收好之後就不會再變亂。只要學會正確的整理方式，每個人都能擁有宜人的工作空間，永遠不會再打回原形。

選擇要留下的東西

「這樣東西讓你心動嗎？」

這個問題是麻理惠整理魔法的關鍵，它是整理家裡（私人空間）的一個簡單而有效的工具。把每樣東西拿在手裡，只留下心動的物品，其餘的全部丟掉。

但工作空間呢？工作需要合約、會議大綱、公司識別證等不特別讓人心動、卻也無法丟棄的東西。還有諸如膠帶、釘書機、碎紙機之類的實用物品，就算你不喜歡也沒有權利丟掉。當你停下來仔細看看四周，可能會發現自己的桌子很醜，椅子乏善可陳，連辦公室公共空間的面紙盒你都看不順眼。愈看你愈意識到一件事：你不能以「心動」爲基準來選擇工作空間的哪些東西要留下來。不過，在這個念頭潑你一桶冷水、把你的整理熱情澆熄之前，我們先回到整理的根本。

你爲什麼想要整理？

無論你理想的職場生活爲何，最終的目標都一樣：對自己的工作產生心動的感覺。所以整理的時候，最重要的就是選擇帶給你快樂的東西，並感謝你留下的東西。

你應該留下來的東西分成三類。第一類是你覺得心動的物品，例如你最愛的原子筆、設計別緻的便條紙，或是家人的照片。第二類是工作上常用到的實用物品，例如釘書機或強力包裝膠帶。這類東西不特別令人心動，卻是工作上不可或缺的工具。有了它們，你才能放心地專心工作。

第三類是有助於實現未來的物品，例如收據，雖然當下覺得麻煩瑣碎，但拿來報帳才能拿到退款。跟專案相關的文件雖然不特別令人興奮，但只要你認眞完成工作，就會爲自己的事業加分。如果受人信賴也是你的目標，這也有助於實現夢想的未來。

所以，記住這三大類：**讓你心動的物品、實用的物品、幫助你實現未來的物品**。這就是選擇工作空間要留下哪些物品的衡量標準。

假如你很難用「心不心動」來判斷工作空間的物品該留該丟，換成其他標準也無妨。舉例來說，我認識一位執行長，他會問自己：「這有助於公司的發展嗎？」有個銀行出納員則是問：「我有興奮期待的感覺嗎？」還有個熱愛棒球的部門主管則是問：「這屬於一軍球隊、二軍球隊，還是根本不在球隊計畫之中？」

重要的是，你拿在手中的物品對你的工作是否有幫助。永遠要牢記：整理的目的不是要丟掉東西，讓桌子不再雜亂，而是要實現你理想的職場生活，為工作怦然心動。

史考特的組織心理學家工作術

選擇丟掉什麼 vs. 選擇心動的物品

如果你認為選擇「心動的物品」跟選擇「要丟掉的物品」一樣，請再想想！雖然選擇哪些要留和哪些要丟，聽起來或許一體兩面，但從心理學的角度來看卻天差地別。選擇心動的物品強調的是物品的正面特質；相反地，選擇要丟的物品強調的則是負面特質。

根據研究資料指出，負面情緒對人的影響比正面情緒更強烈。有研究檢視了英語中五百五十八個代表情緒的不同字彙，發現其中有六二％是負面情緒，正面情緒只占三八％。另一個研究請來自七個國家（比利時、加拿大、英國、法國、義大利、荷蘭、瑞士）的受訪者，在五分鐘內盡可能寫下他們想到的情緒。七個國家的人想到的負面字彙都比正面字彙多。此外，出現最多次的字彙裡，只有四個重複，其中有三個是負面字彙，那就是悲傷、憤怒和恐懼。七個國家的人都想到的唯一一個正面字彙是：喜悅（joy）。

由這個例子可見，人腦賦予負面經驗比正面經驗更多重量。如果丟掉東西時我們著重的是負面情緒，最後能期待的最佳結果，就是去除我們不喜歡的東西。沒生病並不等於健康；不窮並不等於富有；不悲傷並不等於快樂。同樣地，去除我們不喜歡的東西，不等於留下心動的東西。

因此，整理時要著重的是正面情緒，也就是自己喜愛的物品，這麼做你才有可能從中獲得樂趣。

打造能夠專心整理的環境

辦公室裡靜悄悄，唯一的聲音是手敲鍵盤的聲音，還有我跟學員一邊上整理課一邊低聲說話的聲音。

「這個讓你心動嗎？」

「嗯。」

「這個重要嗎？」

「不重要，我不需要了。」

「那這份文件呢？」

學員把聲音壓得更低。「啊，那是去年辭職的同事的文件。有點麻煩。」

「哦，抱歉。」

我剛開始教公司主管整理時，學到了重要的一課。在安靜的辦公室裡上整理課感覺聲音很大，很難不吵到別人。我可憐的學員一定有點不自在。

所以，整理工作空間時，打造一個能專心整理的環境很重要。要是你擔心別人的眼光，務必要選一個適當的時間。如果你放假可以進辦公室，或有自己的隔間或辦公室，你能選擇的時間就比較多。但如果是在開放式辦公室工作，又只能在週間整理，可能就得選上班前或下班後，才不會打擾到別人。至於我，我習慣把整理課訂在早上七點到九點，也就是學員上班之前。

早上一到辦公室就先整理有很多好處。因爲知道九點得上班，你就會集中火力整理；再加上早上精神飽滿，會有更多正面的感受並樂在其中。在這種情況下，選擇哪些物品要留、哪些要丟就會很順利。這就是爲什麼多年來我都建議學員，早上是整理工作空間的最佳時間。不過，到其他國家分享我的整理法之後，最近我的想法開始改變。

在日本，晚上加班到很晚是常有的事，所以很難下班之後整理。但我在美國看過很多公司，過了六點辦公室就幾乎一個人都不剩。到了禮拜五，從下午三點左右辦公室的人就逐漸減少。這種情況下，就算下班後再整理也完全沒問題。

我還發現了另一個差異。我接觸過的美國人多半都說，上班時間有人在整理自己的工作空間，無論對方發出什麼聲音也完全不會打擾到他們。爲了確保他們理解我的問題，我又問：「即使是在完全開放，而且非常非常安靜的辦公室也可以嗎？」我得到的答案還是一樣。顯然在美國，如何低調地整理辦公室（我研究多年的問題）不是那麼的重要。

在日本，替他人著想、盡量不打擾別人是一種禮貌，我相信在美國和其他國家也是如此。然而，從這個經驗中我發現，哪些事會打擾到別人，在世界各地都不同。整理的時候，重點是打造一個我們覺得自在並能專心整理的環境。比方選擇辦公室較少人的時間，或是讓同事知道你要整理，甚至可以邀請同事一起加入。事實上，只要可能的話，我建議全公司在同一個時間一起整理。

我知道有家日本出版社年底會找一天大掃除，讓所有員工整理自己的辦公區域。藉由整理，讓公司煥然一新，工作氣氛變好，因而打造出更多暢銷書。整理有助於提升工作效率，激發正面的工作態度，自然有可能帶來好的結果。就算不太可能全公司一起整理，以一個部門或團隊爲單位，大家一起整理不也很好嗎？

展開「整理節慶」吧！

開始幫公司主管上整理課之後，我變得愈來愈忙。週間我早上七到九點幫人上整理課，九點半開始業務部的工作，晚上到很晚才下班；週末主要是教人整理家裡。跟公司的同事聊天時，我會提到自己週末去幫客戶整理廚房，或是某公司主管當天早上丟了滿滿四個垃圾袋的紙張。不久，公司每個人都知道我的整理副業，來找我上整理課的同事和上司愈來愈多。

我每天都過得充實又滿足，但從沒想過整理會變成我的正職。同事請我吃飯表達感謝，即使我會跟公司以外的客戶收費，整理課對我來說仍是副業，而非固定的工作。

然而，某天有個學員上完課之後，跟我站在一起欣賞他整齊如新的桌子時，對我說：「妳應該把這種整理方法傳授給所有人。妳知道只有妳可以做到。」這番話讓我意識到，很多人都想整理，最重要的是，我很喜歡幫人整理。於是我開始考慮創業，最後辭了工作，專心從事整理顧問的工作。

此後我累積了許多擔任整理顧問的經驗，過程中發現一些對於整理的普遍誤解。例如，大多數人都認爲整理是很費工夫的日常雜務，是每天都得做的事，或許有些讀者也這麼想。其實整理分成「日常的整理」和「節慶的整理」兩種。第一種是把白天用過的東西歸位，並確立新入手的東西屬於哪個收納空間。另一方面，整理節慶則是重新評估你擁有的東西，問自己每樣東西對目前的生活是否重要，然後規畫出自己的收納方式。我稱這個過程爲「整理的節慶」，因爲這是在短時間內徹底而密集地整理完成。

工作空間的整理節慶，指的不只是重新檢查工作空間裡的每一樣實體物品，也包括非實體層面。例如整理電子信箱，包括檢視你留在收件匣裡的信件種類，而整理時間則是指檢視你花在每個活動上的時間。這麼做，你才會對自己擁有什麼、擁有多少有完整清楚的概念。當你一一檢查每個類別裡的物品時，也可以決定哪些東西該留、東西要收在哪裡，或是哪些應該優先處理。

這兩種整理都很重要，但整理節慶毫無疑問對生活的影響最大。因此，我才會建議先完成整理節慶，之後再來想每天要怎麼不讓整理好的空間變亂。當你用正確的方式一口氣整理完畢，親眼看到乾淨整齊的工作空間時，全身上下的細胞都會記得這樣的工作環境有多麼舒服宜人，這種感覺自然會刺激你繼續保持這樣的工作空間。這個方法當然不只適用於實體物品，也適用於非實體層面，例如從第四章開始探討的數位資料和人脈。

首先，評估你目前的狀況，然後選擇你眞正想留下來的東西，體驗在整潔的空間裡工作的心動感覺。

那就開始吧。先問自己「哪種職場生活讓你心動」，在腦中想像鮮明的畫面。接著，我們會幫助你展開整理節慶，把理想化為現實。只要有正確的心態和方法，你就能實現夢寐以求的職場生活。

3

整理
工作空間

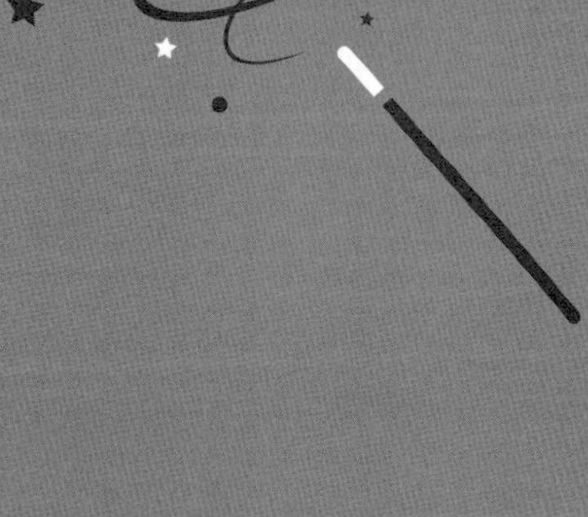

我們先來看看整理實體工作空間的具體步驟。非實體層面會在之後的章節裡介紹。

無論你是否有自己的辦公桌、隔間或辦公室，麻理惠整理法的基本步驟都一樣。首先，只整理由你一個人負責的空間。這是整理的根本原則，基本上就表示從你的辦公桌開始。如果有公共區域，例如辦公用品的儲藏空間、茶水間或會議室，就算你覺得那裡不夠乾淨也先暫時跳過。

如果你在家工作，就要把工作用品和個人物品分開處理。例如，你有些書和文件跟工作相關，有些無關，先找出跟工作相關的來整理，個人物品等到以後要整理家裡時再說。

如果你有自己的工作室或工作坊，原則還是一樣，但是看擁有物件的多寡，整理時間可能需要更長。假設你的工作空間跟大車庫一樣大，櫃子和架子上滿滿都是工具和零件，或是你手邊有大量的產品或作品，那就給自己長一點的時間整理，甚至要兩個月。

「整理順序」在麻理惠的整理法中十分重要。整理家裡時，我通常建議從衣服開始整理，再照著書、文件、小東西、紀念品這個順序，從最簡單到最難。之所以建議這個順序，是因爲從最簡單的類別開始，把最難的類別放在後面，能幫助我們培養出選擇哪些東西要留要丟的能力，並決定每樣東西的收納地點。整理工作空間時，直接拿掉衣服這個類別，按照書、文件、小東西、紀念品這個順序來整理。

整理這些類別的原則也一樣：一**次整理一個類別**。首先，把某類別或小類別的物品全部拿出來集中在一個地方。例如，如果你正在整理「小東西」這個類別下的「原子筆」，就把所有原子筆從抽屜和筆筒裡拿出來放在桌上，然後選出你想留下的原子筆。這麼做，你會清楚知道每個類別的東西有多少，更容易比較並決定哪些要留、哪些要丟。這也會讓下一步「按照類別收納」更加容易。

收納的方法後面再提。你可以等到選完所有類別要留下的東西再開始收納，也可以選完一個類別要留下的東西就開始，然後一個接著一個類別重複同樣的步驟。

掌握這些基本原則之後，就開始按照類別整理辦公桌吧！

書：藉由整理發現自己的價值

你想找一天拜讀的暢銷書、買來提升工作技能的會計書、客戶送你的書、公司發的商業期刊……你的工作空間裡放了哪些書？

書裡充滿了對工作有益的寶貴知識；書中或架上的書給予我們靈感或是安全感。午餐或休息時間看一下書能增加工作動力，甚至光是把書排出來都能爲工作空間增添一些個人色彩。然而，實際上我們把書留在工作的地方，常常是出於錯誤的原因。

我有個學員的辦公室書架上，滿滿都是沒讀過的書。仔細一數，我們才發現有五十幾本，超過一半放在架上已經兩年，甚至更久。

「我下次休假會好好讀一下。」她雄心萬丈地說。然而，我們下次見面的時候，聽到她半途就放棄，我並不驚訝。她眞正打開來讀的多半是最近買的書。「書買了沒讀感覺很浪費，所以我決定很快翻過一遍，」她說，「但我愈來愈覺得自己只是出於責任才打開來看，一點都沒有心動的感覺。這樣反而更浪費，所以我決定把很多書都丟了。」

最後，她在辦公室只留下自己精心挑選過的十五本書。書跟人一樣，都有生命的顚峰期，這就是書該被閱讀的時候，但人往往會錯過這個時間。那麼你呢？你工作的地方有沒有已經過了顚峰期的書？

整理書的時候，首先把全部的書都放在一起。或許你認爲把書留在書架上，看著書名來決定去留更方便，但請勿跳過這個步驟。留在架上太久的書，已經成爲風景的一部分，即使就在你面前，你也會視而不見，所以很難決定是否心動。只有把書一一拿在手中，你才能眞正把它們視爲個別的實體。

若是覺得很難判斷是否爲一本書感到心動，可以問自己幾個問題。例如，什麼時候買的？讀過幾次？想再重讀嗎？如果你還沒讀過，想像剛買下時的情景，過去的回憶能幫助你決定是否還需要這本書。如果你打算「找一天」讀，我建議你訂出日期——不特別找時間，「那一天」永遠不會來臨。你還可以問自己，這本書在你的生命中扮演什麼角色？讓人怦然心動的書，是那種閱讀和重讀時都深受激勵、知道它們在就覺得開心、爲你補充最新資訊、幫助你順利完成工作（例如使用手冊）的書。相反地，你一時衝動買下或買來跟人炫耀的書，還有懷疑自己會翻開來看的贈書，在你買下或收到的那一刻，這些書就已經完成任務了。只要感謝這些書曾經帶給你的喜悅，之後就可以丟掉了。

最後一個問題是，如果在書店看到同一本書，你還會買嗎？還是你對這本書已經失去興趣？只因爲花錢買了，並不表示你就得讀過每本你買的書。很多書在你打開閱讀之前，功能就已經完成，尤其是同時間買的同樣主題的書。你只要感謝這些書曾經在心中激起的心動感覺，就可以跟它們說再見了。

問這些問題不是要逼你不經思索就把書丟光，而是要幫助你發現跟自己擁有的東西之間的關係。從中得到的體悟，能幫助你判斷留下某本書能不能給你心動的感覺。

有時會有人問我該留下幾本書，其實沒有一定的數目。無論是書或其他類別的物品，適當的數量都因人而異。整理的眞正好處是幫你找到自己的標準。如果你爲書心動，那麼不要懷疑，留愈多愈好就是正確的選擇。

不過，辦公室的收納空間通常很有限。如果任何時候你覺得因爲書堆得太多，使得自己離理想的職場生活愈來愈遠，那就要停下來，用對你來說最輕鬆的方式調整書的數目。可以把書放在公司指定的二手書架上、把書帶回家、賣給二手書店，或捐給學校、圖書館、醫院等。

整理書是自我探索的一種強大方法。你因爲心動而選擇留下來的書，反映了你的個人價值。我的學員肯恩是位工程師，他剛開始整理的目標是打造一個能夠提升工作效率的整齊空間。我請他形容自己理想的職場生活時，他不是很確定，只覺得可以早點回家應該不錯。

然而，他開始整理書時才發現自己有很多自我提升的書，尤其是實現自我、在工作中找到更多熱情的書。這表示他渴望更樂在工作，藉由發揮所長實現理想。這個發現讓他重新找回對工作的熱愛和衝勁。由此可見，整理其實是一趟自我發現之旅。

文件：基本原則就是「全部丟掉」

整理完書之後，下一個類別就是文件。整理工作空間時，文件通常是最耗時的一類。即使現今智慧型手機和平板已經無所不在，紙本的數量也大幅減少，我們還是很容易累積一大堆紙張。

整理文件的基本原則是「全部丟掉」。每次聽到我這麼說，客戶都會目瞪口呆。我當然不是說要完全消滅紙張，只是想表達我們需要多強大的決心，才能只留下眞正需要的文件，並把其餘的全部丟掉。工作空間裡沒有東西比文件更麻煩的了，不知不覺就堆積如山。紙張很薄，我們常常沒多想就留下。但等到需要整理的時候，過程就會很費時，因爲還得確認上面的內容。更糟的是，累積的紙張愈多，要找到想要的文件或報告就愈花時間，想把文件整理好也更加困難。因此，我建議另外撥出時間專門整理文件。

跟其他類別一樣，先把所有文件集中在一起一一檢視。文件是唯一無法問自己心動與否、根據答案來選擇去留的類別。你必須先檢查內容。即使是信封裡的信件也要拿出來一一檢查，以免有廣告傳單或不想要的紙張夾在裡面。

瀏覽內容時順便分類，會有事半功倍的效果，這樣之後要歸檔會更快速、容易。文件可大致分為「待辦」「必存」「想存」這三類。

待辦文件

「待辦文件」包括需要採取行動的文件，例如未付帳單和必須檢閱的提案。我建議把這些文件都放在一個直立式的文件盒裡，直到你處理完畢為止，這樣就不會跟其他類別的文件混在一起。

必須存留的文件

接下來，我們來看看「必須存留的文件」。按照規定，某些報告、聲明、合約和文件得保留一段特定的時間，無論它們是否讓人心動。按照類別來整理這些文件，再放進檔案櫃或架上的資料夾歸檔。如果不需要留正本，也可以掃描後再存電子檔（見

第四章）。這樣的話，與其邊整理邊掃描，不如先把「待掃描」的文件放在一起，之後再一口氣掃描完。不過，掃描文件有隱藏的危險，之後我會再討論。

想留下來的文件

最後一類是你因爲某些原因「想留下來的文件」。有可能是你想留作參考或給你心動感受的文件。要不要留下這些文件，完全由你自己決定。不過，「只是因爲……」而留下來的東西，常會有再變亂的問題，所以請記住整理文件的基本原則就是「全部丟掉」。

上整理課時，學員要是對於哪些文件該留、哪些該丟猶豫不決，我就會針對每份文件問一連串的問題。比方：「你什麼時候需要用到它？」「保留多久了？」「你多常重看？」「在網路上找得到一樣的內容嗎？」「你電腦裡有存檔嗎？」「沒有它會很麻煩嗎？」「它眞的讓你心動嗎？」

如果你難以決定某些文件的去留，不要輕易放過自己，好好把握這個寶貴的機會。問自己一些困難的問題，徹徹底底把文件整理一遍，以後就不用再進行這麼大規模的整理工作。假如「全部丟掉」這個前提讓你卻步，試著想像我走進你的辦公室，宣稱我要用碎紙機處理掉你所有的文件時，你會怎麼做？你會急著把哪些文件從碎紙機裡救出來？

看工作類型而定，或許你會發現幾乎所有文件都可以進碎紙機。有位高中老師告訴我，她把所有重要文件都數位化，徹底清空了兩個檔案櫃，也提升了工作效率。

我認識的一名公司經理，則是習慣一拿到文件就決定需不需要保存下來，如果不需要就當場進碎紙機，從此告別紙張愈堆愈高的煩惱。但使用碎紙機時確實要小心，這位經理就是因為動作太快，不小心將一名員工的辭呈送進碎紙機，信跟信封都無一倖免。（他其實就是我的前老闆，而他不小心碎掉的就是我的辭呈。）

如何收納文件才不會再變亂？

讀到這裡的人，有些可能已經開始焦慮。即使整理過了，文件終究還是會快速累積，變亂是遲早的事。但各位不需要擔心，只要按照以下介紹的收納三原則去做，你就可以永遠告別堆積如山的文件。

原則①：每一張紙都要分類

首先，把文件分成清楚明確的類別，例如簡報、提案、報告、帳單等，或者也可以按照日期、專案，或是客戶、病患或學生的姓名來分類。我有個客戶就把文件分成「設計構想」「管理構想」「英語學習」和「留存的文件」這些類別。使用你認爲最好用的分類系統。

重點是，絕對不要「只是因爲……」就把任何一張紙留下來。現在就開始用你最順手的方式將文件分類。一定要把每一張紙都確實分類。

原則②：直立收納文件

你認識那種老是在問「那份文件跑去哪裡」的人嗎？這經常是因爲他們把文件都堆疊在桌上。堆疊文件有兩個壞處：第一，因爲很難確定有多少文件，久而久之就會愈堆愈高，變成一團亂；第二，你會忘了壓在最底下的文件，爲了找文件還得浪費時間。

爲了追求最佳效率，用直立式文件櫃來收納文件是關鍵。把每個類別的文件收在個別的文件夾裡，然後放進檔案櫃或架子上的直立式文件盒。這種收納方式一眼就能知道自己存了多少文件，看起來也很井然有序。

原則③：待辦文件另外放一個盒子

把必須當天處理的文件放進「待辦文件盒」。同樣地，我建議使用直立式的文件盒，這樣才能清楚看到有多少文件需要處理。如果你比較喜歡平放的托盤式文件盒，當然也無妨，但千萬別忘了壓底的文件。待辦文件處理完後，不需要留著的就立刻丟掉。

整理文件跟整理其他東西一樣，會讓管理文件變得輕而易舉，因爲你清楚知道各種類別文件的數量和收納處。整理好文件並決定每個類別的文件要放哪裡之後，看看你的工作空間，判斷你能用來收納這些文件的最大空間。一旦文件數量超過收納的空間，文件就會多到沒地方放，這就表示你該重新檢查自己的文件了。看看有哪些文件不需要再保存，就可以丟了。固定這樣檢查，文件就永遠不會變亂。

小心掃描的陷阱

掃描非常方便。把你決定要丟掉的文件掃描存檔，是再簡單不過的事。但就是因爲太方便，有時才會栽在這上面。

有客戶告訴我，他想把書裡的重要段落掃描之後再丟掉，但花的時間卻比他預期還要久。過程中他發現掃描的工作很無趣，就決定改用智慧型手機拍照存檔。但這項作業也比他預期的還花時間，最後他決定直接把書丟了，什麼都沒存。至於他辛辛苦苦拍照和掃描的存檔，他一次都沒打開來看過。

另外一個例子是一家牙醫診所的老闆。上整理課時，他把紙張堆在一邊，想掃描過後再丟掉，但是他想要掃描的文件愈堆愈高，文件的整體數量幾乎一點都沒有減少。那些紙張就塞進紙袋，堆在辦公室的角落，在那裡放了一個月、兩個月、三個月……照這樣下去，他永遠沒有整理好的一天。一年後，我去參觀他的辦公室，驚訝地發現他留著要掃描的那堆紙張，還原封不動放在原地。他發現自己整整一年都沒用過紙袋裡的文件，於是就重新整理一遍，只拿出一定要留的文件，其他全部丟掉。

有些重要文件當然有必要掃描，但開始之前可以先問自己：你眞的需要保存放在一邊等待掃描的所有文件嗎？千萬別忘了掃描所有資料需要花多少時間，而且整理和儲存這些掃描檔案也需要時間。如果有助理可以幫你做就另當別論，但如果你都自己來，可能要花費很多時間。假如你還是想把文件掃描之後存檔，就一定要在整理時間表裡訂出一個明確的時間。只跟自己說「有空再來掃描」，那就永遠不可能完成。

整理名片，複習你的人際關係

你曾經看著一張名片，卻怎麼也想不起來對方是誰、連長相都毫無印象嗎？這種事在整理時很常發生。每次我都會鼓勵學員趁這個機會把名片丟了，但很多人都覺得丟掉會有罪惡感。在日本，我有些學員之所以丟不下手，是因爲他們相信名片含有一個人的一小片靈魂。但如果名片眞的那麼珍貴，與其塞進抽屜從此遺忘，帶著敬意整理，謝謝它們對你的幫助，再以不洩漏個人資料的方式將名片處理掉，不是更有意義嗎？

整理名片時，把所有名片集中在一起，一一檢視。我有客戶是一家公司的老闆，他累積了四千張名片。開始上整理課後不久，他就發現他一張都不需要，因爲幾乎每個人都透過社群媒體跟他聯繫。跟他通過電子郵件的人，也有他們的電子信箱。於是他幾乎丟了所有名片，把少數幾張掃描存檔，最後留下大約十張讓他心動的，因爲這些名片屬於他景仰的人。

如果你已經透過電子郵件或社群媒體和某些人建立了聯繫，就可以跟他們的名片說再見了。如果你現在沒時間把資料輸入聯絡簿，可以藉由掃描或拍照把他們的電子信箱存進電腦或手機。也可以善用新科技來儲存資料，例如利用手機應用程式把名片上的資訊掃進聯絡簿。

至於我，最近整理名片時，我只留下一張，那就是家父的名片。之所以留下這張名片，是因爲家父在同一家公司服務了三十多年。每次看著這張名片，多年來他靠這份工作養活我們一家人的記憶就會清楚浮現。我捨不得丟掉，所以就在抽屜裡爲它保留了一個位置。

如果某些名片對你是一大激勵，那就安心地保留下來吧。

把小東西分類

「我看不到盡頭！好想放棄啊！」

「我的腦袋快爆炸了！」

「我快瘋了！」

學員寄給我這類絕望的電子信時，多半都是正在整理「小東西」，畢竟這是可以分成最多小類別的一類物品。文具用品、個人蒐集的小東西、居家用品、廚房用品、食品、衛浴用品等，光是列出來都會讓人頭昏腦脹。不過別擔心，辦公室裡的小物件可以分成的小類別，比家裡少多了。而且如果你已經成功整理了文件和紙張，一定也能戰勝「小東西」！

靜下心來按照自己的速度整理，很快就能掌握擁有哪幾類小東西。一般的辦公空間裡常有的類別有：

- **辦公用品類（筆、剪刀、釘書針、膠帶等）**
- **電子用品類（數位裝置、電子產品、電線等）**

- **工作相關類**（樣品、工藝材料、商品、零件等）
- **個人護理類**（美妝、藥物、保養品等）
- **點心零食類**（茶包、餅乾等）

首先，把同一類的物品集中在一起，然後一一拿在手裡。如果抽屜已經擠爆，很難看出裡頭有什麼，那就把抽屜拉開，把東西全都倒在地上。這樣挑選想留下來的物品時，還可以順便分類。

辦公用品類

辦公用品又分為兩類：桌上用品和消耗品。整理時要個別整理每小類。

- **桌上用品**：這類用品是指剪刀和釘書機這類通常一個就足夠的物品。不知道自己有哪些東西或有多少東西的人，通常擁有的數量會超過所需的。例如，我有學員囤積了三個削鉛筆機、四支一模一樣的尺、八個釘書機和十二把剪刀。我問他爲什麼每樣用品都要買那麼多個，他含糊其辭地說把第一個弄丟了，所以就又買了一個，完全不知道自己已經有那麼多了，或者就覺得手邊有一個很方便。以桌上用品來說，每一樣你都只需要一個，所以挑出一個，跟其他的說再見。如果你的公司有辦公用品收納區或共用的工作空間，就可以把用品收在那裡。

• **消耗品：**這類用品是指你放在手邊、很快就用完的東西，比方便利貼、迴紋針、筆記本、文具和卡片。雖然可能需要多存一點貨，但抽屜裡塞滿一堆便利貼或囤積十枝紅筆，眞的會提高效率嗎？想想你的桌上實際需要多少這些東西，假設是五本便利貼和三十個迴紋針好了，留下你認爲適當的數量，其餘的就放回辦公室儲藏文具的地方。

電子用品類

整理電子用品類的小東西時，很常會發現早就壞掉的裝置或淘汰的電子產品。有必要把這些東西留下來嗎？有些人的抽屜堆了好多副耳機或早就不用的手機充電線。

如果打算開一間二手電線行也就算了，但你眞的需要它們嗎？有些電線亂七八糟，連擁有者都搞不清楚來自什麼裝置。辦公桌的收納空間很有限，現在就是你整理那些電線、懷著感激跟它們道別的好機會。

工作相關類

我們的工作空間裡都會有自己的行業才有的小東西。畫家或許是顏料和畫布，飾品設計師或許是珠珠和金屬絲，美妝專欄作家可能是廠商送的化妝品試用包。每個行業各有不同，但這些東西的數量可能多到滿出來，或是毫無激勵作用。但正是因爲這些東西跟我們的工作直接相關，一旦開始整理，反而最有潛力讓我們怦然心動，積極地整理到最後。

拿琳恩的例子來說好了。她是個畫家，雖然對油畫顏料並不心動，但卻是她那一行的重要工具，後來她改換了別的創作媒材，打造出全新的風格；另外一位插畫師發現自己對布料的熱愛，之後改行去當服裝設計師；有位鋼琴家陷入低潮，丟掉一些舊樂譜之後又重拾對音樂的熱情——我常聽到類似的故事。對很多從事創意工作的人來說，只留下自己心動的物品似乎能刺激創造力，激發他們的靈感。整理實體空間，為自己空出更多空間，腦袋也會多出更多空間，讓新點子和創意源源湧入。

一一拿起這個小類別裡的物品，問自己是否有心動的感覺。如果你留意自己的感受，答案應該會清楚無比。你體內的細胞要嘛開心雀躍，要嘛就像鉛一樣沉重。

個人護理類

個人護理類的小東西包括護手霜、眼藥水、保養品，還有其他幫助我們工作更順暢的小物品。長時間坐辦公室可能引發肩頸僵硬、背部痠痛或眼睛疲勞，手邊備有減輕這類身體不適的護理用品，能給人安心的感受。

凱伊在廣告公司上班，她很愛這類放鬆身體的小物品。上整理課時，我們在她的桌上和抽屜裡找到好多這類的東西，包括頭皮按摩器和拋棄式眼罩。我問她數量怎麼會這麼多，她回答因為工作很忙，需要這些東西幫助她放鬆。「這個在日本還買不到喔，」她自豪地說，「我猜這個臉部按摩器一定會大賣。」她對這類東西顯然很著迷。

這些小東西數量多到我不由得好奇，於是問她要怎麼全部用上，她的回答出乎我的意料。「錯過最後一班火車、需要冷靜下來時，我就會用這個精油。」她說，「連續坐在電腦前十小時，我就會用這個草本眼罩。這顆按摩球用來放鬆超讚的，大家都下班之後，我就會把它放在地上，然後躺在上面。超級舒服！」

她解釋得很詳細徹底。我愈聽愈發現，儘管有這麼多紓壓小物，她的工作壓力還是大得不得了。我忍不住問她：「可是這樣工作眞的有心動的感覺嗎？」

最後，凱伊減少加班時間，把一半以上的紓壓小物帶回家。現在她喜歡下班回家後用這些東西來放鬆心情。「仔細想想理想的職場生活，我發現在家用它來放鬆會比較快樂，而不是在辦公室用。」她的氣色變得比較紅潤，看起來不再那麼緊繃。

無論你放在辦公室的個人護理用品有多好用，如果職場生活絲毫不讓你心動，這樣就是本末倒置的做法。先想像理想的職場生活，再決定哪些個人護理用品有助於達成理想，哪些不行。

點心零食類

我有個學員在傳媒公司上班，她從外帶食物拿來的番茄包、鹽包、餐巾紙、塑膠叉子多到占據了半個抽屜。整理之前，她完全忘了這些東西，自己也嚇了一跳。

你會在抽屜裡囤積糖果、餅乾、口香糖這類零食嗎？如果是，檢查一下保存期限，從現在開始限制手邊零食的數量。這是你跟多餘庫存說再見、讓桌子恢復整齊的機會。

這讓我想到一件事。在美國公司上整理課時，我發現這類物品中，出現了一樣在日本公司絕對看不到的東西。你猜得到是什麼嗎？那就是酒精飲料。或許每家美國公司的狀況各有不同，但我拜訪的那幾間中，不少員工的抽屜裡放了酒精飲料。由於日本上班族在辦公室從不喝酒，這對我來說眞是大開眼界。因爲可以認識不同國家的文化，所以在世界各地教人整理才如此有趣。

紀念品

最後一個類別也是最難的一類，因爲你對這類物品抱有特殊的情感（例如照片和信件），所以才要留到最後再整理。整理以上的類別時，你已經掌握了自己眞正重視的東西，並培養出選擇心動事物的能力。

跟其他類別一樣，先把所有紀念相關物品集中在一起，一一拿在手中問自己：我如果留著它，會有心動的感覺嗎？如果你的答案是，它曾在工作上幫助過你，但現在不需要了，那就感謝它的協助，懷著感激跟它道別。利用這個機會回顧每樣東西如何幫助你完成工作，會讓整理工作更有意義。如果讓你心動的物品太多，抽屜裡已經擺不下，那就帶一些回家。把這些要帶回家的物品先放進袋子，繼續整理工作，這樣速度會更快。只要記得整理完後把袋子帶回家就好了。

覺得整理紀念品很難的人，可以先照相再處理掉。史考特在整理辦公室時，覺得很難割捨女兒的信件和照片。後來藉由拍照，他才跟這些東西道別。現在他把以前放這類物品的空間，用來放女兒最近給他的東西，把那個空間變得更教人怦然心動。

史考特的組織心理學家工作術

照張相再丟掉！

研究證明，先幫紀念品照張相，之後要丟才不會下不了手。研究員把兩張不同的海報貼在不同的宿舍裡，宣傳捐贈物品的活動。其中一張鼓勵學生把自己堆積如山的紀念品直接捐出來，另一個建議他們先爲自己的紀念品拍照再捐出來。鼓勵學生先拍照再捐贈的海報，募到的東西多了一五％以上。

辦公桌收納

只留下心動的物品之後，就可以開始收納了。收納有三項基本原則：

原則①：決定每樣物品的定位，並按照類別收納

辛辛苦苦整理完後，之所以又打回原形，就是因爲沒有決定每樣物品的定位。東西用完之後不知道要放哪裡，空間就會變亂，所以才有必要決定每樣物品的收納處。如果養成東西用完立刻歸位的習慣，要維持整潔就容易多了。

重點是，同類東西不要分散在不同的收納處。把同一類物品收納在同一個地方，

你就能一眼看出自己有多少東西。這麼做還有其他額外的好處。因爲知道自己有哪些東西，就不會累積多餘的或購買不需要的東西。

一般辦公桌最上層的抽屜通常是放名片和文具用品，第二層抽屜放電子用品類、個人護理類和點心零食類物品，第三層放文件和紙張。這是標準辦公桌的收納規畫，但會依據你的辦公桌樣式或工作類型而有不同。依照所需加以調整，打造一個工作起來很舒服的空間。

原則②：善用盒子，直立收納

辦公桌可用的收納空間相當有限，所以你一定會想盡可能擴大效能，而盒子就是很好用的工具。你可以用不同大小的盒子來當抽屜的隔板，把同一類物品收納在大小和形狀適中的盒子裡，例如小盒子就裝隨身碟這類小東西，中型盒子就用來裝保養品這類個人護理用品。小東西尤其適合放在盒子裡直立收納，比直接放在沒有隔板的抽屜裡更好。盒子可以防止東西散開、跟其他東西混在一起，而且一打開抽屜就能一眼看到東西在哪裡。

只要能放進抽屜的盒子都可以利用。可以特別去買適合的盒子，或使用家裡就有的空盒子。我常用名片盒和手機包裝盒，放在抽屜裡尺寸剛好，非常好用。這裡的訣竅就是，所有物品都盡量直立收納。這樣不只看起來整齊，也能減少浪費的空間。只要高度允許，所有東西都應該直立收納。我連橡皮擦和便利貼都直立收納呢！

原則③：桌面基本上不放任何東西

桌面是工作平面，不是收納櫃，所以基本原則是不放任何東西。在抽屜或架子上爲每樣物品或每個類別指定一個收納處，盡可能只在桌面上放你現在需要的東西，或是正在進行的專案。開始收納時，把「乾淨桌面」的意象印在腦海中。這麼做的人完成收納之後，通常桌面上只會剩下筆電和裝飾品，或是小盆栽。

即使是每天都要用的物品，也要決定它們的定位，例如筆或便條紙。我的學員常常驚訝地發現，把不用的東西收到視線之外其實一點都不麻煩。一旦體驗過乾淨整齊的桌子如何幫助他們集中精神工作，很快就愛上了這種感覺。

這當然不是說桌面一定要全部淨空。如果你覺得書寫工具全部放在桌上的筆筒裡，比排在抽屜裡更方便，那就應該這樣收納。重點在於方法。我們應該假設自己的桌面上什麼都沒有，然後精心挑選放在桌面上的東西，讓它帶給你心動的感覺，或幫助你工作更順暢。

總而言之，同一類物品收納在一起、善用盒子、桌面上什麼都不要放。規畫收納空間時，牢記這三項原則。決定每樣物品的定位，確實掌握自己擁有的物品，再小的東西都不放過。

整理如何改變人生：讓你重新發現自我

以上我按照類別介紹了整理實體工作空間的步驟，希望對你有幫助。如果你還是很焦慮，因爲步驟看起來很多，或是整理過很多次都還是失敗，請別擔心。

我幫助過很多人整理工作空間，即使是誇口說自己沒什麼東西可以丟的人，當他們把同一類物品全部從抽屜裡拿出來，一一拿在手中問自己值不值得留下，不知不覺也減少了三分之二的物品。很明顯地，面對一樣物品時，「我們以爲需要的」和「內心眞正的感受」，兩者存在巨大的落差。

同樣地，雖然很多人都認爲自己的東西太多，不花個一年半載不可能整理完，但一旦開始，往往不到一個禮拜就能把桌子整理好。由此可見，「想像」和「實際動手整理」有很大的差別。這就是爲什麼只看書而不實際動手就太可惜了，尤其如果你覺得躍躍欲試的話。只有實際動手整理，你才能體會到整理的眞義。

但整理的眞義是什麼呢？我認爲絕對不只是看到桌子變得乾淨整齊而覺得心曠神怡，或是工作效率提升而已。整理能讓你**重新發現自我**。當你一一面對自己擁有的物品，問自己是否心動或它能不能促成讓你心動的未來時，就會漸漸看清自己眞正想要什麼、什麼才會讓你開心。整理完畢之後，你的心態、行爲和所做的決定也會跟著改變。最後，你的生命會經歷戲劇化的轉變。我看過無數學員經歷這樣的轉變，但在這裡我想要分享美冬的故事，她透過整理重新發現自我，徹底改變生活。

安藤美冬藉由整理改變人生的故事

安藤美冬[1]小姐是個成功的業務代表，任職於日本一家大出版社發行的時尚雜誌。正如你對這一行的想像，她薪資優渥，身上的行頭都是最新潮的品牌款式。許多同儕都羨慕她事業有成，但她心裡卻有說不上來的不安，總覺得別人眼中的她不是眞正的她。她決定來上整理課，因爲她想發現眞正的自我。

她從自己的家開始，根據「心不心動」來決定東西的去留。她驚訝地發現自己對細心收在衣櫃裡、價值兩千美元的外套或名牌洋裝並不心動，也不覺得她很少穿的細高跟鞋有什麼吸引力。她反而只想要留下那些穿起來舒服自在的衣服，例如簡單的白T恤、牛仔褲，還有材質她很喜歡的素色海軍藍圍巾。最後她只留下四分之一的物品。

整理對生活的影響讓她印象深刻，於是她決定試試看整理工作空間。下個週末，她趁公司沒人時著手整理辦公室。她跟典型的出版社員工一樣，桌上散落著草稿和雜誌，抽屜裡塞滿紙張。然而，經過四小時的徹底整理，她的工作空間煥然一新，簡直就像新進人員的桌子。她只留下兩個一目瞭然的文件夾，裡頭放著待辦資料，此外還有文具用品和三本書。

星期一，同事看到她的桌子煥然一新都目瞪口呆。「妳要辭職了嗎？」同事問她。但最驚訝的是美冬本人。她對生活上的轉變感到不可思議。一是她的情緒比以前

❶ 一九八〇年生，有「日本遊牧工作者始祖」之稱。曾任職於集英社。十六歲至今已經遊歷過六十多國。二〇一七年起脫離網路，二〇二〇年一月重返。

穩定多了。不久前，她因為工作過勞而被診斷出憂鬱症，不得不請假在家休養。然而，整理似乎讓她重新找回內心的平靜，工作起來變得從容不迫。

以前只要工作不順，她就覺得自己彷彿坐上了情緒的雲霄飛車。她要不怨天尤人，心想「都怪時機不好」或「都是因為他那樣說」，要不就貶低自己，老是焦慮不安，責怪自己過去犯的錯。然而，自從整理過後，她開始從錯誤中學習，告訴自己下次換另一種做法，甚至很感激有這樣的學習機會。

這些聽起來似乎跟整理無關，但很多人整理完後都經歷了這樣的改變。整理時面對我們擁有的物品，就是在面對自己的過去。有時我們會後悔買下某些東西，或為自己的決定感到難堪。但誠實面對自己的感受，割捨掉這些物品，**感激它們讓我們知道自己真正需要什麼**，這個過程就是在**肯定過去的選擇**。透過不斷重複確認自己想要的東西、根據心動與否決定物品的去留，我們逐漸建立起一種積極正面的心態，**肯定自己所做的每個決定**。

「我知道做什麼事都是自己的責任，」美冬對我說，「但還沒整理之前，我很難接受眼前的狀況是自己的選擇造成的結果，我不相信自己能在關鍵時刻做出正確的決定。然而，當我一一面對自己擁有的東西時，看事情的角度就開始轉變。我決定不要想得那麼複雜，活得簡單一點，把心動當成所有選擇的準則。我發現為自己的行為負責，其實是指**生活方式忠於自我**。這種心態幫助我放鬆下來，做事更懂得變通。」

美冬的工作效率也大幅提升。整理之前，她認為「期限」就是用來打破的，總是拖到最後一刻才完成工作。然而，整理之後她甚至能在期限前提早完成很多工作。「我幾乎不再花時間找東西了。就算手邊沒有我需要的文件，也可以跟同事借或網路上下載。一眼就知道自己缺了什麼，馬上採取適當行動，比找個半死還不確定自己找的東西在不在那裡快速、也有效率多了。」自從不用再把時間浪費在這些事上面之後，她的壓力減輕很多。

工作效率提升還有另一個原因。她不只用麻理惠的整理法來整理家裡和辦公室，也用來整理她的資料，例如手機裡的聯絡簿、人脈、工作內容、時間，並根據「是否心動」或「對理想的生活方式是否不可或缺」來選擇資料的去留。她因此放棄了不需要的工作，專注於她認為眞正重要的工作，建立起一套自己的工作模式。

三年後，美冬成為全國新聞節目的時事評論員，還出了很多本書。她辭掉工作，開始接案，實現長久以來的夢想，成為自由工作者。在日本，她是女性建立自身獨特工作模式的楷模。她到世界各地旅行，只帶著手機和筆電，只跟眞心喜歡的人做眞心喜歡的工作。她的生活方式就是她寫作的材料。藉由整理實體和非實體的工作空間，只留下心動的事物，她體現了「為工作怦然心動」的真正意義。

從整理實體空間到非實體層面

很多人跟美冬一樣，整理完實體的工作空間之後，也想重新檢視工作上的非實體層面，例如電腦裡的數位資料、收件匣裡的信件，還有人脈和時間。整理完實體空間，只留下心動的物品，親身體驗在井然有序的環境中工作有多自由之後，我相信你自然而然會想要把其他東西都整理一遍。

但要如何才能做到呢？應用第二章介紹過的麻理惠整理法的原則，也就是想像你理想的工作方式、按照類別整理、訂出清楚的整理期限、一口氣徹底在短時間內整理完。選擇什麼物品該留下來時，就照我之前說的「讓你心動」「工作所需」「實現未來」這三個標準來判斷。

不過，說到整理時，每種非實體類別都有各自的特色。史考特會在第四到第十章詳細介紹，我也會分享一些我對整理數位資料、時間、人脈，還有決策的想法，另外還有會議、團隊和文化。我們若要對團隊合作有怦然心動的感覺，這些都是不可避免會觸碰到的層面。

非實體類別多到讓你卻步嗎？別因此放棄。一旦開始，你會驚訝地發現自己迫不及待要把這套整理技巧運用在生活的其他領域上。整理確實可能有如此大的影響力，所以把你夢想的職場生活牢記在心，勇往直前吧！

4

整理
數位資料

東尼在一家總部設於英國的能源公司擔任行銷。以前他光是儲存和尋找電子檔案就得花很多時間，四散在網際網路、微軟的應用程式、電腦硬碟，以及類似Yammer的社群網站上的數位文件一團亂。源源湧入的電子郵件、訊息、語音留言花去他大量的時間，讓情況更加嚴重。

東尼使用的科技掌控了他的工作時間（連晚上和週末都淪陷！），逼得他非得改變不可。他勇敢地踏出一步，更改了他的語音留言：

「即日起我不再接聽語音留言。有事聯絡請寫電子郵件，我會優先處理並回覆你的來信。」

雖然要聯絡到東尼當然還有其他方式，但他總算拿回了一點對工作的掌控權。這個改變給了他勇氣，讓他接著把腦筋動到電子郵件上。他如果還想要這個飯碗，就不可能不收信——有誰可以？他只好做能力所及的事。他開始每天處理收件匣裡的每封信，避免郵件愈積愈多。簡單的要求當天就回覆，其他在一週內處理完畢。現在他上班時快樂多了，連同事都感覺得到。一開始看似極端的做法，後來也被許多同事採納。

開始管理你的數位生活

坊間有很多教人管理電子郵件、整理電腦檔案跟手機的訣竅。說到管理數位生活，也有各式各樣符合個人需求的做法。不同的工作對科技產品的使用都有不同的規定，有些公司規定一定要用特定的通訊軟體，某些行業則必須隨時保持聯繫，例如醫護人員或執法人員。你必須找出適合自己的整理方法，才能用得長久。整理數位生活時，主要的目標是要找到方法**讓科技爲你服務**，而不再被科技掌控。

大多數人的數位生活可以分成三大類：**電子檔案**（如報告、簡報、試算表）、**電子郵件**，還有**手機應用程式**。三種都有同樣的問題：很容易什麼都存下來，所以一般人也都這麼做，以致原本應該幫助我們的科技，卻愈來愈超出我們的掌控。跟實體物品不同的是，當我們發現電子資料堆積如山時，就已經太遲了。儲存空間滿了，什麼東西都找不到，速度變得比烏龜還慢，不停地被通知疲勞轟炸。其實，這樣的結果應該是可以避免的。

爲了掌控自己的數位生活，一個類別一個類別地整理，從電子檔案開始，再來是電子郵件，最後是手機應用程式。

電子檔案不需要太多資料夾

從電腦硬碟或雲端硬碟的「文件」區和底下的「資料夾」開始，你大多數的電子檔案應該都放在這裡；之後再來整理桌面。電腦裡多半還有其他資料夾，例如圖片或影片，也可以用以下介紹的方法來整理。

現在，先來看「文件」和底下的「資料夾」。檢查每個檔案，問自己：

- **我需要這份檔案來完成工作嗎？**
- **這份檔案能指引或激勵我未來的工作嗎？**
- **這份檔案令我心動嗎？**

如果三題的答案都是「否」，那就把檔案刪了。

你或許看到檔名就會想起裡頭的內容，也可能需要打開才知道。如果子資料夾裡的檔案並非你想留下的，那就大膽刪了整個子資料夾。

我不想害你惹上麻煩，所以務必遵守貴公司的文件規定，或是企業對保留檔案的規範。如果技術上無法刪除這些檔案，就把檔案移到主文件區以外的存檔區。雖然還是會占去儲存空間，但檔案就會跟你主動想留下的檔案分開。少了視覺上的干擾，你要找到需要的東西會更容易。

無論是企業或組織，大多數人都可以刪掉文件初稿和已經完成的待辦清單，還有電腦上的回收筒。每個月的最後一天我都會清空回收筒。

麻理惠的怦然心動工作整理魔法

對你割捨的東西表達感謝

跟實體物品一樣，刪除電子檔案時也要心懷感謝。與其一個一個感謝，你可以直接打開「感謝開關」，保持這樣的心情來整理數位雜物。

重點是，感謝每一個檔案在你生命中扮演過的角色，懷著這樣的心情跟它們說再見，再怎麼微不足道的檔案都不例外。只要能做到這點，其他什麼都不用擔心了。

用「三大資料夾」來分類

搜尋功能已經大有進步，所以整理電子檔案也變得簡單多了。然而，研究卻顯示，比起直接搜尋，人們更喜歡一個資料夾一個資料夾地尋找自己要的檔案。知道檔案究竟存在哪裡，總是給人安心的感覺。就算你多半都使用「搜尋功能」，整理數位資料還是很重要。如果檔案都亂存一通，搜尋出來的結果也可能是錯的。你可不希望當你搜尋最近呈給客戶的「裝潢」時，搜尋結果卻出現你家最近的整修工程！況且，要是一個檔案有太多類似的版本，找出時間最近的一個也可能很費力。

建立幾個「主要資料夾」，但不要太多，存檔或尋找檔案時才不用太花腦筋。之後你可以用搜尋工具在資料夾底下迅速找到你要的檔案。每個人的工作都有不同的規定，但以我目前使用的「三大資料夾」來分類，應該多半都足夠。

目前的專案

一個專案集中放在一個子資料夾裡。（盡量不要超過十個。畢竟有多少人同時進行十個以上的專案？如果你是的話，下一章可以學到怎麼整理時間。）

留存的紀錄

存放你經常要參考的政策和程序。這些資料通常由他人提供，你無法修改，法律合約和員工檔案都屬於這一類。

儲存的工作

已經完成但未來會再用到的案子。例如對新專案有幫助的檔案，像是過去客戶的簡報，可以供未來客戶參考。另外還有過去的研究，未來可能還派得上用場，例如競爭者的基準化分析或產業研究。你可能也想存下一些案子當作自己的作品集給未來的客戶參考，或是用來訓練新員工。

如果你把個人的檔案存在同一個地方，就要新增一個「個人用」資料夾，才不會把個人和工作檔案混在一起。

想要讓電子檔案井然有序，只要建立幾個符合直覺的主要資料夾，就容易多了。儲存新檔案時，要放進最適當的資料夾裡，不然就刪掉。當你一直把同一類的檔案放在同一個地方，只留下需要的檔案時，資料夾就會愈來愈好用。專案完成之後，判斷是否有必要把它放進「儲存的工作」，還是可以直接刪除。如果「公司政策」可在其他地方找到，或不再需要用到，就沒有必要留存。

利用電腦桌面為自己充電

電腦桌面應該是個特別的地方，但對很多人來說卻是垃圾場。桌面常常累積了一堆只用過一次的下載檔案、以前的照片或遺忘的文件。我的桌面曾經滿到連檔名都看不清楚！每次登入電腦，迎面而來的就是一團混亂，而且桌面上的東西幾乎都很久沒用了。

把你的電腦桌面改造成有助於完成工作及怦然心動的地方。

電腦桌面上可以放你得盡快處理的文件，例如要讀的報告、今天要做的簡報，或是未付帳單。我還會在電腦桌面上放一個「心動」資料夾。對我來說，裡頭可能放了我引以為傲的論文、最近的教學評鑑，或是我受邀演講的影片。每次我發表新論文、教新課程或到新場合演講，就會更新裡頭的檔案。另外，我還會放一張最近的全家福照。最後，選一張對你有鼓舞效果的電腦桌布，營造令你心動的背景。

麻理惠的怦然心動工作整理魔法

我的電腦桌面

我的電腦桌面上只有一個名爲「存檔」的資料夾，還有當天要用的資料，例如照片。

我把電腦桌面視爲一個工作空間，就跟辦公桌一樣，所以只放我馬上要用的東西。「存檔」資料夾則是像我的檔案櫃，裡頭有兩個目錄，一個是「文件」，一個是「照片」，此外還有一份我得盡快看過的資料，以及往後幾天要用的照片。「照片」目錄下則是我不久後的案子想放的照片。

「文件」下有電子檔案、PowerPoint簡報和PDF檔。我熱愛整理和收納，所以兩個類別都各有子資料夾，不過其實沒必要分那麼細，只要搜尋關鍵字，就能輕易找到你要的檔案。

不過，「照片」下的分類就非常重要。下載照片時，檔名通常都很難辨識，搜尋起來也更加困難。不過，我也不建議一一更改檔名。所以最好的方式就是：根據用途把照片存進不同的資料夾。以我來說，我的照片就分成「整理的照片」「書封」「IG照片」「部落格照片」幾個子資料夾，裡頭都是我暫時存下來以備工作使用的照片，工作完成後就會刪除。

乾淨的電腦桌面給人的心動感很容易上癮。不過我必須承認，直到最近我才開始注重電腦桌面。有天我在咖啡館用筆電工作時，有個書迷過來找我說話，當時我的電腦螢幕亂到我覺得很不好意思，從此以後都會維持電腦桌面的乾淨整齊。

按照最適合你的行業的方法來爲電子資料夾分類，以上的想法只是供你參考的小訣竅。

別讓電子郵件占據你的工作

我們寄出和收到的電子郵件都多得太誇張——相信你早就深有所感，但可能沒有意識到問題有多嚴重。一般上班族會花大約一半的上班時間在處理信件。研究發現，超過一半的員工認爲電子郵件會干擾他們工作，莎夏的狀況正是如此。她是一家品牌顧問公司的老闆，跟許多小企業主一樣，她覺得應該隨時回應客戶的需求。因爲太常查看電子信箱，導致她壓力過大，不但干擾睡眠，甚至連工作也受影響。她坦承：「我花在處理和整理電子郵件的時間太多，害我毫無成長，生產力也停頓。」

研究發現，花愈多時間在電子郵件上，生產力愈低，壓力指數也愈高。莎夏知道自己的狀況就是如此，便開始訂出回覆客戶來信的時間，其他時候則盡量不去查看信箱。她讓客戶知道她的「回信時間」。一開始她擔心客戶會不高興，覺得服務品質下降，實際上卻是雙方都得利。莎夏終於有時間專心處理眞正的工作，客戶收到的回信雖然比較少，但品質卻更高。

我知道一直想去查看信箱的感覺，我也常抗拒不了這種誘惑，因爲怕錯過重要的訊息，心裡有部分也認爲「有求必應」就是負責任的表現。但我會提醒自己，還有其他工作等著我，而且通常是更重要的工作。如果你也常抗拒不了「秒讀秒回」的衝動，可以訂出自己的「回信時間」，還給自己專心工作不被打擾的空間，即使只是每天關掉來信通知三十分鐘。

研究指出，一般人處理信件的方式可分爲三大類——三種都可能造成問題。

過濾派

有些人時時在清空收件匣。這些「過濾派」不時都在留意新信件，一收到信就馬上放下手邊的事，讀完立刻歸檔。這麼做的問題在於：一封電子信造成的干擾，可能得花二十六分鐘才能重拾之前的工作。

過濾派要是使用複雜、毫無條理的分類系統，甚至會一個頭兩個大。除了要花很多時間維持這樣的分類系統，要找到東西也很難，歸檔更是麻煩。研究顯示，資料夾只要超過二十個，管理起來就太費工。資料夾太多，儲存信件時就要花很多時間找到正確的資料夾，之後還得記住我們把信存在哪個資料夾。

大掃除派

第二種處理信件的方式是每隔幾個月把收件匣清空。這類「大掃除派」定期要經歷信箱「爆滿—清空」的週期，爆滿時找不到要找的信，清空之後收信匣有一段時間將近全空，但不久又會愈積愈多。這是兩種最糟狀況的結合，一個是活在雜亂中，一個是弄丟重要的信件。我知道突然從爆滿到清空，有時會有一種快感，但如果你誤刪了重要信件，快感很快就會變成沮喪。

放任派

第三種是完全不整理收件匣，任由它愈積愈多。這種「放任派」不知道如何、也不想花心力整理信箱，完全依賴電子信箱裡的搜尋功能。搜尋功能雖然好用，但如果信不是全部丟在一起，過濾起來會更快、更精準。

管理信件不需要弄得很複雜，或花很多時間。只要把日後還需要的信件留下來，然後用少數幾個合乎邏輯的資料夾分類就可以了。

從收件匣開始，這裡是等待處理的信件暫存的地點，並不是永久儲存信件的地方，不該把你收到的信都一直放在這裡。

決定要不要留下一封信時，問自己：

- **這封信對我完成工作有幫助嗎？（有時我們需要重看信件內容或留下對話紀錄。）**
- **未來重讀這封信對我有知識上的幫助，或能激發我的靈感或工作動力嗎？**
- **這封信讓我心動嗎？**

找到適合你和工作信箱的管理方式。跟電子檔案一樣，電子信箱裡的資料夾也不宜過多，通常包括子資料夾不超過十個。因爲可以使用搜尋功能，所以如果案子彼此相關，可以儲存在同一個資料夾裡。例如，如果你有「部落格」「IG」「臉書」之類的檔案，就可以建立一個「社群媒體」資料夾，把所有相關的檔案放進去。

其他有用的資料夾包括「存檔」資料夾，例如主管寄來的公司政策。我也喜歡放一個「心動」資料夾，裡頭放我工作不順時可以重讀的信件，例如學生來信感謝我的授課、其他學者對我研究的肯定，還有客戶對我提供的諮詢或演講的讚美。如果你想留下重要的附件，建議你把附件跟其他電子檔案存在適當的資料夾裡。

清完收件匣並把信件分類歸檔之後，接著來看你現有的資料夾，先找出值得保留的資料夾。如果你從不刪信，一一檢查每封信就很花時間。把已經不需要的資料夾刪掉，我的話就是之前教過的課。同樣地，確認你的公司或組織對保存資料的規定，免得刪掉不該刪的信。此外，別碰「寄件備分」，反正隨時可以搜尋，不值得你花心力選擇性地檢查裡頭的信。

最後，記得每天都要處理信件。收到新信件時，把「全留」的心態改成「全刪」，除非有值得留的理由。最好每天訂幾個時段處理信件，例如剛上班或下班前。你會發現早上你認爲需要回的信，到了下班時已經解決。訂出處理信件的時間，也能把分心次數減到最少，專心處理最重要的事。讓仰賴你幫助的人知道你的回信模式，並提供他們緊急聯絡方式，就不用被迫一直去查看信箱。

或許你覺得以上介紹的方法對你絕對沒用。你是個「放任派」，心想：「我放著信箱不管已經很久，我沒救了。」如果你覺得卻步，這裡有個小訣竅：把所有信件都丟到「封存」資料夾裡。如果你需要找回信件，用搜尋功能即可，即使有時會得到錯誤的搜尋結果。然後，從現在開始只留下想留的信，並利用幾個在精不在多的資料夾，整理之後收到的信件，資料夾不要超過十個。覺得很困惑嗎？在這個數位時代裡，藉由把收件匣的雜亂信件移到封存區，你就過關了。如果這種方式比較吸引你，那麼比起從頭到尾整理電子信箱，不如藉由這種方法拿回數位生活的掌控權。

電子郵件只是輔助工具，而不是你的工作！

無論用什麼方式整理電子信箱，大家都會同意——信少一點是好事。別把電子郵件跟工作混為一談。電子郵件只是完成工作的工具，並非工作本身。

從電子報和你訂閱的內容開始著手。你訂閱這些東西，或許是為了提升工作能力——重點來了：哪些真的幫助你實現了理想的職場生活，哪些只是害你分心？前提是取消所有訂閱，只留下真正心動的內容。整理完後收到的電子報，也同樣比照辦理。

接下來，減少寄出的信件。只因為寄信很容易，不表示就該一直寄。只寄對完成工作有必要的信，同樣也會為其他人樹立榜樣。寄出的信變少，收到的信也會變少。

只把信寄給需要負責，或是被徵詢意見或告知消息的對象，不要隨便把信寄給所有人。可以的話，先問同事想不想被加入群組信裡，弄清每個人的喜好。把所有人的信箱都貼上去之前，停下來誠實地回答自己：你把某個人加進收信人中，是因爲眞的需要通知對方或需要他們的回覆嗎？這些都是正當理由。不要因爲想要羞辱、指責對方，或顯示出自己有多重要，而把某人加入群組信中。

尤其要小心「回覆所有人」的按鍵。如果你只是問寄件人一件事，把信回覆給他就好。不要不小心回給群組信裡的所有人，讓大家都知道你晚上的計畫。

麻理惠的怦然心動工作整理魔法

我的收件匣

每次看到爆滿的電子信箱，我就會想起塞滿信件的郵筒。我的收件匣只會留下等待處理的信，例如應該回覆或採取行動的信，或是我想晚一點再仔細讀一遍的信。爲了把數量控制在可管理的範圍內，我會把待處理信件的數量限制在五十封之內，也就是不用往下滑就能一目瞭然的最大數量。如果需要儲存，我就把信放進「工作」「個人」「財務」幾個簡單的資料夾內。電子郵件搜尋起來很方便，所以沒有必要分太多類。

看完就不需要的信，我會直接刪除，例如看完的電子報。「垃圾郵件」或「垃圾桶」裡的信，三十天後會自動刪除，但信積太多會讓我緊張，所以有時我會自己刪除這些資料夾裡的東西。或許我有點極端，但是連風水師都說，整理收件匣會把你需要的資訊在需要的時候帶到你面前。如果你發現自己一直沒有及時收到有用的資訊，或是想增加工作時的好運氣，眞心推薦你整理收件匣。

愈少APP愈不會分心

一般人一天使用智慧型手機八十五次，相當於五個多小時。這是有原因的。很多應用程式的設計就是要讓人上癮，很容易害人工作時分心。

驚人的事實還在後面。手機光是出現在你面前，就會影響你的表現，即使調成靜音放在桌上也是。在一個實驗中，研究員請參與者把手機分別放在桌上、口袋、袋子裡，或是另一個房間。之後請參與者完成一樣的測驗，包括做數學題和簡單的記憶題。所有手機的通知都調成靜音，放在桌上的手機螢幕朝下，所以沒有人會知道自己有沒有收到留言或通知。

研究員檢查測驗成績時，發現了驚人的結果。手機愈容易取得（最容易的就是放在桌子上），參與者的數學題和記憶題表現最差。手機在面前實際影響了人們的表現！研究員推測，光是知道手機在附近就會讓人分心傷神，即使手機調成靜音或看不見螢幕也一樣。擔心自己錯過訊息，或想著手機要是在手邊能做什麼事，就占去了你的腦容量。另一個研究發現，考試時帶手機會降低學生的成績。

手機有助於生產力雖然沒錯，但如果太過依賴反而會干擾工作。除了重要通知，把其他通知都關掉。把手機放在視線之外，需要時再拿出來。吃飯時把手機關掉，晚上睡覺時放在遠處。不需要到哪都帶著手機。最近一個研究發現，將近四分之三的美國人會帶手機進廁所。相信我，信件、簡訊或通知，都可以等到你沖水後再說！

手機的應用程式愈少，讓你分心的事物就愈少，隨身帶著手機的理由也是。下載最新的應用程式雖然好玩，但大多數人基本上從不刪應用程式，即使不再需要或不再心動也一樣。清理應用程式不但能省下手機空間，也能把電力留給真正心動的應用程式。

現在就拿起你的手機，一一檢視上面的應用程式。首先，問自己：這個應用程式有必要留著嗎？有些公司要求所有員工或特定職位要使用某些應用程式，所以你只好保留下來。

接著問自己：這個應用程式對我的工作有幫助嗎？無論是生產力或記帳應用程式，只留下對工作本身或實現理想的職場生活有幫助的應用程式。千萬別以「我花錢買的」或「有天會用得上」之類的理由，姑且把它留下來。如果它在你的手機裡已經沉睡好幾個月，你眞正使用的機會其實微乎其微。

最後問自己：這個應用程式讓我心動嗎？把你眞正喜歡的應用程式留下來。

這些問題都想過之後，如果你發現某個應用程式不值得留下來，就刪掉吧。如果以後還需要用到，要再下載也很容易，而且通常不需要再買一遍。

減少應用程式的數量之後，把剩下來的分成不同類別，重新整理手機桌面。分成不同類別時，想想每個應用程式的功能，還有使用的頻率。一個方法是把最常用的應用程式一起放在首頁，另一個方法是把應用程式分成幾個資料夾，例如「生產力」「公司」「社群媒體」「旅遊」等。如果你的應用程式不多，可以簡單分成「工作」和「家庭」。但因爲大家使用手機的方式不同，沒有哪個方法一定最好。

麻理惠的怦然心動工作整理魔法

我的應用程式

手機的首頁螢幕如果乾淨又清爽，其實有可能是你怦然心動的重要來源。我把信箱、日曆、相機等常用的應用程式放在首頁，其他就放在「工作」「生活」「心動」這三個資料夾中。我秀出來的應用程式只有大概十個，而且還會特別拆成三個頁面置頂排列。這樣每次看手機時，才能看到自己怦然心動的畫面：我女兒的照片。

把重點放在如何提高手機的心動度，而不是手機有多亂，這樣整理起來有趣多了！

請記住：**科技為你所用**。讓科技提升你的職場生活，幫助你看清工作如何成為你心動的來源。當你整理電子檔案、電子信箱和手機應用程式時，你會漸漸發現，這些只是輔助你工作的工具，不是堆放職場生活的倉庫！

5

整理時間

以前，克莉絲汀的一天通常從早上六點開始，晚上十二點左右結束，在廚房裡吃碗麥片——她那天唯一的一餐。回到家是她一天中少有的寧靜時光，因爲她的一天多半都花在她認爲難以忍受的工作上。表面上，這個工作似乎很適合她。她在大型的非營利組織下帶領一間新創公司，把幫助他人的熱情跟創業精神結合。那麼，問題出在哪裡？

克莉絲汀的行事曆一團亂！因爲覺得工作表現愈來愈不受認可，於是她開始拓展外務。她心想，去當志工和拿第二個博士學位，把行事曆塡滿，就會覺得自己更聰明、更有才能和生產力。結果沒有，她把自己累慘了。

儘管時間排得很滿，如果有人跟她約，她也立刻答應。我們很容易先答應未來的事，以免面對當下拒絕別人的尷尬困窘。一旦事情排進行事曆，克莉絲汀就覺得不能反悔。因此，她的行事曆未來六個禮拜已經全部排滿。

因爲留給家人和朋友的時間很少，她的私人生活也受到災殃。她完全不顧健康，沒時間約會，人也悶悶不樂。因爲不知道如何整理時間，克莉絲汀任由行事曆主宰她的生活。

爲了取回生活的掌控權，克莉絲汀採取的第一步驟是想像自己理想的職場生活。

「我想要有隨心所欲的餘裕。我想要坐上誤點的火車，或走在一個慢吞吞的小孩後面而不覺得焦慮、擔心自己會遲到，或者行程緊湊的一天可能會毀掉。我希望自己不再那麼憤怒。」

接著，她把行事曆上的約會都匯入Excel試算表，填入每個活動花費的時間，再拿來跟自己理想的時間分配比較。她還幫每個活動打「心動程度」分數，結果讓她不敢置信。她把將近一半的時間都花在毫無樂趣的事情上。她特地空出時間，卻用錯了地方。

行事曆上只有心動的工作

爲了把時間用來實現理想的職場生活，克莉絲汀不再什麼事都答應，反而一律拒絕，除非是眞正重要的事。她得出結論：「我發現把行事曆排得滿滿滿，其實是爲了增加快樂的事，以彌補那些讓我不快樂的事，而不是去正視不快樂的事。」

克莉絲汀委婉地取消了她認爲不值得花時間的約會，例如自動加進她行事曆的固定會議，因爲召集人常遲到又不訂出議程。她還請別人體諒她的時間，例如用簡短的電話取代三十分鐘的約會。雖然少數人被拒絕有點不高興，但大多數人都可以理解。她把趕工作當作藉口，請對方之後再跟她重約時間——只有少數人眞的跟她重約，可見不把開會當一回事的人不只有她。

克莉絲汀當然還是有工作上應盡的責任。爲了保住飯碗，她不得不回信和完成其他任務，但她得以取消許多不必要的活動。手上的時間變多之後，她開始享受簡單的快樂，例如下廚、上健身房、吃早午餐、週末跟朋友聚會。過了不久，她找到眞命天子，還訂了婚！

私人生活變充實之後，有個機會自動送上門。要不是她用新方法管理時間，絕不可能有這等好運。事情是這樣的：她臨時去赴了一場盛會，正在享用餐點時跟一家新公司的主管聊了起來。對方說有個工作機會，問她想不想試試。這場偶遇給了她夢寐以求的機會——轉換跑道，到一個肯定並重視她付出的新環境工作。

每種工作都會遇到挫折，克莉絲汀的新工作也不例外。但她不再被「什麼事都點頭答應」的心態綁住，行事曆也就不再排滿毫無樂趣的工作。她承認，「我目前的工作並不是方方面面都令我心動。不過，現在我會判斷自己對某個專案期不期待；如果整體工作不是朝著心動的方向，那就表示我該做些改變了。」

想要增加工作的心動程度，關鍵在多花時間在你心動的事上，少花時間在不心動的事上。聽起來很簡單，但要是上司交給你一份所需時間比他說的多兩倍的任務，或是同事「隨口」請你幫忙、客戶提出要求，把你的一天弄得一團亂，你就會知道沒那麼簡單。我們要怎麼樣才能拿回自己的時間呢？

雜亂的行事曆對工作的干擾

只要學會掌握行事曆，就可以縮短工作時間，爲工作增加心動度。行事曆之所以雜亂，原因在於我們所做的事占據了寶貴的時間，耗盡我們的精力，卻對個人、專業，甚至公司的目標沒有眞正的幫助。這些事包括沒有提供新資訊或做出新決策的會議、完成機率渺茫的專案，還有修得很痛苦、內容卻很空洞的簡報。我們花在主要工作的時間平均不超過半天，其他時間都被瑣碎雜務、行政工作、電子郵件和開會占據和干擾。怎麼會變成這樣？

幸好心理學提供了一些答案，有三種陷阱會導致行事曆雜亂：一是過度贏取，即花費過多心力追求錯誤的結果；二是錯把急迫的事當成重要的事；最後是一心多用。

陷阱①：過度贏取

我不否認「一分耕耘，一分收穫」。小時候發現別人的爸媽都會跟人誇耀自己的小孩多聰明、多有天分，我爸媽卻從來不會；相反地，我母親都跟大家說我很努力。努力完成一件事的感覺眞的很好，但如果你爲了自己並不重視的目標努力，因而白白浪費力氣呢？

在職場上，這種浪費力氣的感覺，通常來自心理學家稱爲「過度贏取」(overearning)的過程。想像你參與了一項研究，研究人員請你進入房間聽美妙的音樂，你整個人都放鬆了下來，但你可以放棄一些悠閒的時間去贏得巧克力。只要按下一個按鈕，停掉音樂，刺耳的鋸木聲隨之響起，放鬆時間暫停，但你得到了一個巧克力。你得當場立刻吃掉，不能分給別人或留到明天。

我喜歡巧克力，爲了拿到巧克力當然願意花點力氣，大多數參與者也是——但問題就是從這裡開始的。一旦開始贏得巧克力，就很難停下來。到了最後，參與者贏得的巧克力，遠遠超過他們吃得下（甚至想吃）的數量。

這個研究告訴我們，我們很容易把精力花在不眞的重要的事情上。大家忘了目標是贏得足夠的巧克力滿足需求，而不是贏愈多愈好。他們沒把時間用來贏取想要的回饋，反而一直工作，把自己累到筋疲力盡。此外，贏得愈多巧克力，巧克力就變得愈不吸引人。他們甚至無法享受努力帶來的果實——這是巧克力！

每個人都想贏得獎賞和保持競爭力，卻很容易因此偏離目標。決定怎麼分配時間時，請千萬記住：**不要拿自己熱愛的事去交換你不重視的獎賞**。留意自己眞正想要的東西、眞實的自我，以免落入追求錯誤目標的陷阱，後悔莫及。

陷阱②：誤把急事當成要事

我們沒有空出時間專心工作，體驗完成重要任務的喜悅，反而在看似急迫的工作之間跳來跳去。因此，能夠思考或成長的時間也就變得很少。研究發現，主管做的事有一半持續不到九分鐘，導致他們很少有時間深度思考；工廠的工頭八小時輪班期間，平均要做五百八十三件不同的事；中級員工每隔一天，大約只有三十分鐘不被打擾的工作時間。

如果你跟大多數人一樣，那麼工作時應該是採取「自動駕駛模式」，看什麼事最急就先處理那件事，而不是先處理最重要的事。無怪乎有一半以上的人有時會覺得工作超過負荷，導致工作出錯、對員工發怒、對同事不滿。

人的腦袋很奇怪，總會以爲最急的事就是最重要的事，所以我們常搞錯事情的輕重緩急。別把急迫的事跟重要的事混爲一談，兩者是不一樣的。

急迫的事是必須在一定時間內完成的事，錯過了就來不及，例如趁客戶來訪時一起吃晚餐、幫忙同事趕在期限前交出專案，或是一年一度的團隊旅遊。

重要的事就不同了。完成這種事會有重大的正面影響，或者不完成會有嚴重的負面影響，個人發展就屬於這一類。例如閱讀和進修、更新產品、跟同事建立良好的關係。

有些事既重要又急迫，大多數人都會優先處理這類事情，例如報稅、回應工作邀約、平息客戶的不滿。不意外、也很合理的是，我們通常會把不急迫也不重要的事排在後面，比方隨意瀏覽社群媒體，或在工作時間上購物網站（至少大多時候都排在後面！）。

那麼急迫但不重要的事呢？例如公司的每週聚會、回某同事的電話。或者是重要但不急迫的事，例如長期的生涯規畫。想一想，你今天可能會先做什麼事？大概是急迫的事吧。

我們通常會把急迫的事放在重要的事之前，其實是有原因的。因爲重要的事往往比急迫的事更難完成，所以更容易一拖再拖。急迫的事要得到回報比較快，能吸引人快點著手，完成時也更開心。如果你想要有好心情，以短期來說，盡快完成急迫的事確實有用。然而長期來看，這些並不是對你的事業或公司眞正重要的事。

此外，我們也會誤把「假期限」當眞，埋頭處理急迫的事。工作上有很多「假急件」：當同事或客戶要你一週內回覆他們，你曾經納悶這個期限從何而來嗎？期限經常都是隨便訂的，別忘了再次確認期限是否爲眞的期限。

實際情況是，當我們覺得自己忙得不可開交時（無論是眞忙還是假忙），我們更容易被假期限控制。有這麼多事要忙，眼前又有期限逼近，誰有空去想哪個才是應該先完成的「重要」工作？

陷阱③：一心多用

我相信你跟我一樣，遇過炫耀自己能一次做很多件事的人。這種人喜歡吹噓自己如何把所有事情搞定的過人能力，而且是一次全部搞定。以前我很羨慕這種人，心想我要是能同時做兩件事的話能夠省下多少時間。當時我並不知道，這種人雖然能一次做好幾件事，卻通常沒有一件事做得特別好。

成爲組織心理學家之後，我發現了一個小祕密：那就是無論別人怎麼說，**一心多用的人多半是職場上最沒生產力的人**。

研究結果揭露了一心多用的兩個驚人事實：第一，一心多用會讓生產力降低高達四成；第二，一心多用的人通常是最不能把事情做好的人。

人類的腦袋一次能想的事情有限。一旦數量太多，結果就是每樣事都做不好，而不是一件事做得特別好。

跟一般人的認知相反，一心多用其實不是同時做很多件事，而是**快速在不同事情之間轉換**，因而無法有效率地完成任何一件事；再加上一心多用的人難以專心，在不同工作之間轉換也很吃力，所以就會經常犯錯。

一心多用的時間愈久，就很容易搞錯什麼才是重要的事。就像落入「誤把急事當要事」陷阱的人，一心多用的人老是忙著處理眼前的事，把達成長程目標要做的事（這往往是更重要的事）拋在腦後。隨著工作的難度提高，一心多用的壞處就會愈來愈多。

如果一心多用會降低生產力，爲什麼大家還是樂此不疲？常一心多用的人不是因爲擅長一心多用，而是因爲難以抵擋干擾，無法好好專心做一件事；於是，他們就同時做很多件事來彌補專注力的不足。別誤以爲一心多用的人生產力較高，其他人都該效法。沒這回事。用欠缺效率的方法做很多件事，絕非提高生產力的途徑。

把工作「堆在一起」，找出眞正該做的事

當爆滿的行事曆把你一次往很多方向拉，要如何讓時間發揮最大效用？要避免落入「過度贏取」「誤把急事當要事」和「一心多用」的陷阱，關鍵在於留意自己如何使用時間，然後轉向做你眞正心動的事。有個簡單方法可以對使用時間的方式更有自覺——與其問自己該刪掉哪些工作，不如問：我該留下哪些工作？

首先，把所有的工作「堆在一起」。就像麻理惠教大家整理實體工作空間時的方法一樣，你也會想「觸碰」每一樣工作，感覺到它的「重量」，理解它的重要程度。把你固定要做的事寫在一張索引卡上（如果你喜歡數位化，也可以打在試算表上）。研究證實，閱讀書面文字會讓我們更仔細評估需要衡量的事。把工作堆在一起，跟把物品集中在一起，看你累積了多少物品，具有同樣的效果。看到堆積如山的工作，有

助於省思自己正在做哪些事，又爲什麼要做。

大部分的人可能有下列三種工作：核心工作、專案工作和發展性工作。

- **核心工作：**是工作中最核心且不斷進行的事，也是確立職場價值的關鍵。公司主管的核心工作可能是編預算、訂計畫，或是領導一個單位或團隊；科學家的核心工作可能是設計實驗、分析資料和分享成果；老師的核心工作可能是設計課程和考試評分。
- **專案工作：**是有明確開始和結束的工作，例如辦活動、設計手冊或發表新產品。
- **發展性工作：**是幫助我們學習或成長的工作，例如受訓、閱讀、參加研討會或接下新任務。這些工作會幫助你朝理想的工作與生活邁進。

如果有些工作同時屬於好幾類，別擔心，放進最適合的一類就行了。

你對自己使用時間的方式有什麼發現？這跟你理想的職場生活有何關聯？如果理想的職場生活是不斷成長，你的發展性工作相較於其他工作是多是少？你常挑戰自己、常學習嗎？從別人那裡得到的回饋夠多嗎？如果你喜歡跟人接觸，你有多少工作要跟人合作？你喜歡跟那些人共事嗎？

評估你的工作，增加工作的心動度

堆在一起的工作就像一面鏡子，反射出你目前正在做的事。照鏡子時，你有什麼感覺？我知道大多數人都想擁有朝理想職場生活更近一步的機會，卻沒有足夠的自信做出改變。別低估自己的掌控力，小小的改變對每天的工作環境可能有的巨大影響。

把工作一堆堆放在一起之後，逐一檢視，從最簡單的開始整理（通常是核心工作），再來是專案工作，最後是發展性工作。把每項工作「拿在手裡」，問自己：

- **這個工作對我保住職位或提升能力是必要的嗎？**
- **這個工作有助於打造讓我更心動的未來嗎？例如加薪、升職或學習新技能。**
- **這個工作讓我心動並獲得更多成就感嗎？**

如果以上沒有一樣符合，就停止做那件工作。

問題來了，如果你手邊有太多非做不可、卻毫不心動的工作項目呢？或者，要是上司不肯讓你拿掉某項工作，即使是根本沒必要繼續做的項目，該怎麼辦？有時我們無法確知別人如何從我們的工作中受益，這很可惜，因爲如果能夠得知的話，那麼工作對我們會更有意義。

我自己有個簡單的確認方法，那就是做「受益測驗」。老實說，有人會讀你寄出的每週報告嗎？這份週報會改變他們的決策嗎？你可以去調查你的「受益者」，評估這項工作的有用程度。或許會發現大家的確重視你的工作，並在完成工作的過程中找到新的意義。

如果你還是認爲這個工作項目是浪費時間，那就去找上司談談，跟他分享你的受益測驗。上司或許知道你做的那項工作有多重要，即使你自己並不覺得。從中可以得知自己的工作是否有隱而不見的影響力，這或許會改變你對於「這項工作値不値得做」的想法。做過受益測驗、跟上司開誠布公討論過想拿掉的工作的重要性之後，客氣地提醒上司繼續做這個工作得做的犧牲。如果這樣還是說服不了他，那麼你的上司或許根本就不可理喻。但除非你想換工作，不然也只能接受這樣的結果。雖然有時候很想，但我們就是沒辦法把上司換掉！

全部檢查過後，把剩下的工作列在一起，這樣就能一目瞭然。這些工作對你負責的職位透露了什麼？你或許有個職稱，還有職務說明描述你負責的工作，但實際做的卻又是另外一回事。整體而言，你留下的工作是否讓你心動，或通向更讓人心動的未來？如果整理之後，你還是覺得這些工作沒有把你朝理想的職場生活推進，我還有以下幾個方法可以幫助你工作得更開心。

如果你對整理過後的工作很滿意，記得定期回頭確認自己是不是持續往理想的職場生活邁進。每當有新工作進來，先明確地判斷值不值得，再決定要不要接受。

麻理惠的怦然心動工作整理魔法

心動的事擺第一位

目前我所做的工作，是我覺得心動的工作。不過，曾經有段時間我的行事曆排得滿滿滿，讓我身心俱疲。那是二〇一五年，我入選《時代雜誌》全球百大最具影響力人物，不久，世界各地的邀約源源湧入。

我盡可能接受各方邀約，把這視為分享麻理惠整理法的絕佳機會。但當時我剛好懷了第一胎，巨大的壓力對身心都造成傷害。有時我會無法控制情緒，在一天結束時淚流滿面。

後來，我知道不能再這樣下去了。從那時候起，我改變了自己的工作方式。

我的工作目標是跟全世界分享麻理惠的整理法，盡我所能幫助人透過整理過著怦然心動的每一天。但如果我對自己的生活都不心動，要怎麼教人對生活心動呢？

恍然大悟之後，我決定把生活中「心動的事」擺在第一位，尤其是忙碌的時候。於是，我特別訂出時間做我喜歡或想做的事，例如：

- 陪伴家人
- 用花為家增添色彩
- 享受一杯放鬆身心的茶

• 疲勞時請人按摩

這些事幫助我重拾內在的平衡，重回工作時神清氣爽，充滿正面能量。

在忙碌的現代社會中，很多人都爲了工作犧牲生活，就像我過去那樣。如果你就是這樣，我建議你把自己的身心健康視爲最重要的事。爆滿的行事曆和超載的工作量會讓你疲憊不堪。精力要是被榨乾，就不可能想出精采的構想或擁有出色的表現；即使原本熱愛的工作，也會愈來愈討厭，很難再繼續做下去。

這時候，第一步就是抽空恢復活力、重振精神，之後再好好規畫行事曆，讓其他時間能有效率地工作。長遠來看，從容不迫地工作，爲工作感到心動，才是更有生產力的工作方式。

別急著說「好」

你曾經覺得沒有充分的時間做好自己的工作嗎？以前我常有這種感覺。我研究所畢業後就開始當助理教授，一路升到教授（大學中的最高職位）的過程中，愈來愈常被要求參與研究和教學這些核心工作以外的事，例如加入各種委員會和參與活動。秉持著同事互相幫忙的精神，我幾乎每次都說好。這似乎是正確的決定，每件事也沒花我很多時間，但全部加起來卻占去了完成研究專案（對我來說最重要的工作）的時間。

我當然有很多答應的好理由。有些活動讓人開心，無論是幫助他人或工作本身；有些可能提供學習、生涯發展或跟同事相處的機會；但有些根本對我毫無幫助，而且還不少。

最近我偶然看到一篇研究，幫助我克服了什麼都說好的誘惑。我們很容易答應太多這類型的活動，因爲拒絕讓人有罪惡感。放掉罪惡感吧，你已經那麼努力工作了（看看你的工作堆得多高）。接著，試試一個簡單的技巧：**暫停片刻**。

因爲有說好的社會壓力，畢竟我們都想當別人眼中的好隊友，面對這種額外要求時，「延後決定」是個有效技巧。只要說「我考慮一下再回覆你」，然後花點時間判斷這個工作是否讓你心動。如果不，那就禮貌地拒絕。研究顯示，延後答應一件事，我們會更有力量拒絕自己不喜歡的工作，答應喜歡的工作。

每天多做一件心動的事

把一些事情停掉之後，你就有更多餘裕選擇讓自己心動的新工作。研究發現，接受新任務、自願幫忙同事，甚至未經正式許可就去接有興趣的外務工作，會讓人對正職更滿意。有些上司欣賞員工這麼主動積極，甚至有公司規定員工每星期要花時間做自己感興趣的外務工作。如果你的上司緊迫盯人，給你的自由發揮空間很少，當然就很難達成；但若是你找到方法讓心動的事對工作有益，成功機率就會提高。

允許自己每天做一件工作之外的心動之事。以我來說，我喜歡讀紙本報紙。雖然在看時就知道報紙已經過期，但在沒有數位干擾下吸收新知，對我來說仍然樂趣無窮。

在行事曆上留白

這聽起來很違反直覺，但工作要更有生產力，有時反而需要停下來喘口氣，也就是在部分行事曆上留白——別懷疑，你沒看錯。研究顯示，想要完成更多事，有時你需要**減少**工作。休息除了能讓腦袋恢復活力，多出來的時間也能醞釀新點子，激發創意。

當我們在做看似不花腦筋的事，例如散步或塗鴉時，其實潛意識正在進行深度思考。這類思考通常最有創意，因爲這時候我們**不會一直評判自己**，最後甚至可能想出解決問題的嶄新方式或創新的構想。就算行事曆沒有排滿工作，你仍然在工作，而且往往腦袋更靈光。所以休息片刻，放鬆心情，開啓你的想像力吧！

休息的時候，我會去走路。通常我會把手機調成飛航模式，徹底遠離電子郵件、電話或其他讓我分心的干擾。這也是我覺得最不受自我批判束縛的時刻，因而能放心自在探索其他時候我不敢深入的想法。

我知道不是每個人都能在工作時、或工作以外的時間去走一走。去找到你可以做的事。大多數人可以坐在桌前閉上眼睛，任由思緒遨遊幾分鐘。這是放鬆腦袋的機會，也證明無論行事曆（或工作）有時感覺多麼逼得人喘不過氣和難以控制，你還是可以拿回一點屬於自己的時間（至少在當下）。

＊＊＊

整理過行事曆上的活動之後，你會更了解自己和真正重視的事。這不僅僅幫助你反省如何使用每一天的時間，也能從中發掘善用時間的方法。把你覺得毫無意義的事刪掉，加入自己心動的事，你從工作中得到的收穫就會大幅增加。

6

整理決策

莉莎是個單親媽媽，她的正職是高中美術老師，另外也自己接案並在網路上教人藝術創作。雖然這三份工作她都很喜歡，但固定要做的決定多到讓她吃不消。除了跟上課有關的主要決定，包括上課的主題、指派的功課、教室規則，每天還有數不清的事等著她做決定。光是一天的教案就有無限的可能：要學生自己動手做、看影片學新技法，還是透過電腦學習繪圖技巧；課堂上也有一堆決定要做，例如指導學生、評量學生，甚至管教學生。此外，她的副業要做的決定也堆積如山：要做什麼作品、如何設計、怎麼做最符合客戶的要求、如何建立社群媒體的粉絲頁……她總覺得自己不斷在決定接下來要做的事。

莉莎覺得好累，動不動就發怒，不只在工作上，連在家陪伴九歲大的兒子時也是。「決策疲勞讓我的腦袋難以負荷，我開始忘東忘西……沒辦法形成連貫的想法，甚至連字都會忘記。」

某個週一早上，她因爲無法決定教課內容而一再拖延，最後完全沒備課就走進教室。她知道自己的情況日益惡化，並在心裡責備自己：妳徹底搞砸了！這樣算什麼老師！此外，她也疏忽了才剛起步的網路教學事業，因爲工作中有太多決定要做，腦袋整個當機。

忘掉小決策，整理中決策，聚焦於高風險決策

無論你從事什麼樣的工作，不管是公司主管或低階人員，每天可能都要做幾千個決定，有些研究估計超過三萬五千個！

很多決定是低風險的決定，不太費力或毫無所覺。要是都得認眞思考，我們會吃不消，例如走去辦公桌的最佳路線、要用哪枝原子筆、簡短回信要寫什麼。正因如此，有研究發現，儘管我們每天要做成千上萬個決定，平均來說一般人只會記住大概七十個。

另一種決定的風險較高，需要我們集中精神。我們不常面對這類決定，但碰到時理所當然會消耗不少腦袋和情緒上的能量；這類決策通常涉及相對大量的資源分配。如果你是行銷人員，可能是決定推出何種產品和服務、何時及如何重塑品牌、如何爲產品抓到市場定位；如果你是自己創業，高風險決策可能包含何時擴大規模及聘請員工、是否要募資，還是要賣掉公司；資訊業的高風險決策可能是決定要不要購置主要設備。

再來是中度風險決策。這類決策需要耗費的精神比低風險決策多，且比高風險決

策更常出現。中度風險決策是職場中會被遺忘或忽略的決策，因爲它不像小決策那麼容易，所以我們常會一延再延；另一方面，它又不像高風險決策那麼重要，所以更容易忘記。正因爲如此，莉莎才會沒備課就站在學生面前。備課就屬於中度風險決策，有點難（所以前一天懶得想），又不會太難，所以才會忘得一乾二淨，直到走進教室才想起來。

中度風險決策主要是在履行或提升你目前的工作，例如跟誰報告專案的最新進度、如何讓工作流程更順暢、如何衡量成敗。如果你是行銷人員，中度風險決策可能有：收集哪種市調、何時調整產品價格、考慮何種新的廣告手法，以及如何測量其成效；如果你是創業家，中度風險決策可能是如何提升產品或服務，以及要參加什麼會議；如果你從事資訊業，中度風險決策或許是何時要更新軟體。

我知道從表面看來，整理決策跟整理實體工作空間似乎是兩回事。把你最愛的釘書機留下來，跟決定如何跟客戶互動或何時跟同事合作，兩者看似完全不相干，但其實過程都一樣。首先問自己：什麼值得留下？以做決策來說，更明確的問題是：什麼決策值得我花時間和精力？

衡量工作上的各種決策時，請遵循以下的簡單步驟：忘了小決策，整理中決策，把精力保留給高風險決策。

讓低風險決策自動化

先從低風險決策開始。切記：哪些屬於低風險決策，取決於你的工作和所屬的層級。如果你才剛進職場，對主管來說的低風險決策，對你來說或許有更重要的意義。你很可能想不起很多低風險決策，因爲這些決策都會自動產生，不費腦力。這樣就對了，繼續保持這種「自動駕駛」狀態。

你意識到的決策之中，值得你花時間的可能不多。你是不是要：

- 挑選影印紙的牌子？
- 決定簡報要用線圖還是長條圖？
- 選擇報告要用哪種字體？

如果你認爲做何種決定的差別都不大，就別花太多時間在上面。我知道當下很難做到，我自己也會爲考慮太久而有罪惡感，例如出差要住哪間飯店、課堂講義要用何種字體、研討會要幫出席者準備哪些小點心。

你也可以把很多低風險決策**自動化**，我最喜歡的包括：

- 利用網路零售服務，定期自動補貨。
- 設立決策規則，例如禮拜五早上不排會議。
- 設定電子郵件的簽名檔，自動在名字後面加上問候或致謝。

你還可以根據自己的需求和喜好，選擇自動化的決策。蘋果前執行長賈伯斯把穿衣選擇自動化，每天都穿同款式的高領毛衣；生產力大師及《一週工作四小時》的暢銷作家提摩西·費里斯，每天都吃一樣的早餐。不須爲小決定傷腦筋，就能把時間和精力投入更重要的決策。

把中風險和高風險決策「堆在一起」

把你目前或即將面對的中風險和高風險決策堆在一起。高風險決策通常馬上就會跳出腦海，大多數人不會有太多這類決策。賈伯斯重回蘋果之後，決定換掉整個董事會，後來決定推出沒有實體鍵盤的手機，也就是iPhone。對中階經理來說，高風險決策可能包括推動全公司的改變，以及找誰加入團隊。對新進人員來說，挑選一個可靠的指導者，可能屬於高風險決策。

中風險決策就是介於高風險和低風險之間的決策。一般人只要想想哪些決策明顯有助於完成工作，就能找出這類決策，例如改善流程、更新產品或服務、尋求建議，還有讓其他人得知進展。

把每個中風險和高風險決策簡短寫在索引卡上（你也可以跟整理時間一樣，列在Excel試算表上）。大多數人的決策數量都在可控制範圍內，不會超過二十個。

整理決策

把所有決策都集中在一起之後，在每個高風險決策的旁邊寫個H（High，高風險）。這些是會對工作或生活產生巨大影響的決策，值得你多花時間和精力在上面。把這些留下來，放到旁邊。

現在剩下的都是中度風險決策，接下來要釐清哪些決策值得留下來。一一拿起每張索引卡，按照一個簡單的規則來取捨：**如果這個決策對你的工作很重要，或是有助於實現理想的工作—生活，或是讓你覺得心動，那就保留下來。**

決定要留下哪些決策之後，接著來看看要如何處理這些決策。手中拿著每個決策，問自己：

- **有沒有誰受這個決策的影響更大，應該交由他來決定？**
- **誰具有做這個決策的最佳判斷力和所需資訊？**
- **我可以委託他人做這個決策嗎？**
- **可以將這個決策自動化，以後只要定期檢查嗎？**

如果你認爲應該由另一個人來做這個決策，那就授權給他。在索引卡上標示**D**（**Delegate**，授權），寫上你想授權的人的姓名。有時候要把任務授權給同層級或更高層級的人很難。客氣地徵求對方的同意，並爲此人爲什麼更適合做此決策提供合理的解釋，對你大有幫助。如果你爲了答謝對方，也提議代替對方做某些決策，成功機率就更大。只要確認你值得花這個時間就可以了。

假如這個決策不值得你或其他人的定期投入，那就把它自動化。在索引卡上註記**A**（**Automate**，自動化），並寫出開始自動化的時間。

之後面對新決策時，你就有了整理決策的經驗和信心。把心力放在高風險決策和最重要的中風險決策上。慎選花費時間和精力的決策。你或許會因此發現之前視爲重要的決策，根本不應該占據你的時間，或應該由別人負責。好的決策者要能判斷何時應該退出一項決策。

整理決策，不再當機

了解莉莎的掙扎之後，我們找到了幫助她整理決策的方法。跟整理一大堆衣服一樣，把所有的高風險和中風險決策集中在一起，能幫助她了解問題有多龐大。她老是覺得不勝負荷，就是因爲要做的決策太多。

隔週，她看著堆積如山的決策，發現自己一再重複做某些決定，尤其是跟管理課堂秩序和回覆ＩＧ（她的接案帳號）留言的相關決策。

後來莉莎刪掉了九％的決策，有些自動化，另外四○％授權他人。例如，現在她把每天一開始的課堂活動固定下來，先叫學生做前一天的功課，這樣點名時就不會受到干擾；她也讓學生更積極參與自我評量，藉此減少她必須做的決策。

莉莎也決定，每天早上在接案的ＩＧ帳號上貼文，兩天回一次留言。

整理完決策之後，剩下的多半都是需要高度創造力的決策，例如要創作哪一種作品、需要做哪些大方向的業務決策、要設計何種線上課程？這些都是讓她怦然心動的決策。

當我追蹤莉莎的狀況時，清楚看見了整理決策在她身上發揮的效果。「現在我又覺得什麼事都有可能……眞不敢相信這讓我把事情看得更清楚。」她找到了做高風險決策的時間、動力和方法——她決定辭去教職，專心經營自己的事業。很快地，她的收入翻了將近三倍，但最大的改變是她重新找回對工作和生活的熱愛。「這個過程開啓了對我而言很重要的東西，」她寫信告訴我，「我到現在都還有怦然心動的感覺……創作能量大爆發！如果不是整理決策，我不認爲有這種可能……我的生產力更高，人也變開心。」而且不只工作起了變化，莉莎跟兒子的關係大幅改善。整理完決策之後的一個月，她瘦了六、七公斤，也找回過去的樂觀與自信。

整理選擇：選擇多不一定更好

現在來看看我們實際做決策的過程。一般人理所當然覺得選擇愈多就愈有餘裕。如果你評估的是供應商或小販，選擇愈多確實較好；如果你是在選擇退休後的投資計畫，愈多共同基金可以挑選當然愈好；如果你想找到最好的工作，也會希望有愈多選擇愈好。

有更多選擇確實可能是好事，但超過一定程度就不一定了。因爲做某些決策時，太多選擇可能反而讓人做不出好的決定，也對自己最終的選擇難以感到滿意。想想那些我們放棄的選擇：沒接受的工作、無法完成的專案、本來可以打進的市場、沒選的指導者。人的腦袋很厲害，總能說服我們無論選擇哪一條路，都可以有更好的選擇。

做大多數決策時，只要超過五種選擇就會很費力。如果有人需要你做出某個決策，請他們提供最多不超過五個選擇。如果是獨自做決策，尋求同事的建議，把選擇減少到最看好的幾個，之後再做決定。這麼做有助於減低沒考慮某個選項的遺憾。

研究也指出其他幾個整理選擇的簡單方法：第一，如果選擇都很像，要知道好的選擇可能不只一個，所以挑一個就對了；第二，按照常理排列選擇，例如最貴到最便宜、風險／報酬最高到最低；第三，邊過濾選擇邊找出自己想要的東西非常累人——如果你事先知道自己喜歡發展性高、通勤時間短、自由度高的工作，有大量的選擇可能很有幫助，可以從中找出符合你期望的工作；然而，要是你也不確定自己想要什麼，選擇多反而只會害你眼花撩亂。

大多時候「夠好」就可以了

我希望你放棄「隨時都得做出完美決策」的想法。有時候可以，但很多時候都沒辦法。這或許很難接受，但底下是應該這麼做的理由：大多數時候，夠好的決策就綽綽有餘，追求完美往往不必要，也要付出代價——不只浪費時間（這些時間用在其他事情上更有意義），如果你沒有做出完美的選擇，又會覺得失望沮喪。

做決策之前，想想什麼樣的結果會讓你開心。如果夠好的決策一樣能讓你開心，就沒必要追求完美的決策。再說，這世界瞬息萬變，你所做的任何決策可能都只是暫時的。如果花太多心力追求完美的決策，你有可能太過執著於某種解決方法，即使那個方法已經不再適用。這就是「夠好」往往就綽綽有餘的原因。

爲了避免太過完美主義，爲自己的決策設下期限。考慮過多和過度討論有時並不值得，反而浪費了時間和精力。如果有新資訊進來，要有更新決策的彈性。此外，也要記住：大多數決策的後果都沒有你想得那麼嚴重。

＊＊＊

整理決策時，把重點放在眞正有影響力的決策上。接著，整理哪些決策值得投入時間和精力，哪些該刪掉、授權或自動化。這麼一來，你就不會再被多到吃不消的選擇壓垮，而能專心處理你想完成的工作——困難的決定突然變得容易了。面對需要花時間和精力的重要決策時，無論你做了什麼選擇，都會更加投入，也更滿意自己做的決定。

7

整理人脈

對藝術家來說，IG是很重要的社群媒體平台。英國畫家和插畫家麗安的IG追蹤者多達一萬五千人。這個數字雖然令人興奮，但跟這麼多人連結互動卻很花力氣。太多瑣碎的訊息，讓人難以回應眞正重要的訊息——也就是有興趣的買家。而且網路世界少不了酸民，這些人會發表粗魯無禮的言論，有些是蠢話，也有接近攻擊性的謾罵。這些留言愈來愈多，麗安漸漸覺得自己被這種耗時傷神的網路活動榨乾。

麗安耗費太多時間在社群媒體上，甚至忽略了工作和生活。「我是母親，也是個藝術家，」她驕傲地對我說，「沒時間一天發十次推特。」然而，事實上麗安花在IG上的時間比實際作品還多。

她決定做一個大膽的改變。

讓你的人脈成爲心動的來源

麗安刪了IG帳號，放棄了所有的追蹤者。「在現今的社會中，大家都想要愈多追蹤者愈好，但那不是我的目標。」她解釋，**龐大的人脈對她賣出作品的幫助不大**，「當你想販售的是藝術之類的商品，我寧可要五十個會買藝術作品的熱情追蹤者，而不是一萬五千個興趣不明、還會傳來粗魯留言的追蹤者。」追蹤者歸零之後，她得以更仔細挑選與她互動的人，只跟眞正欣賞她作品的人建立關係。

無論面對面或在網路上，我們都很容易以爲認識愈多人就是人脈愈廣，例如電話上的聯絡人、臉書上的朋友、IG追蹤者、LinkedIn上的人脈，或是推特上的跟隨者。可輕易追蹤的計量法，讓我們看著數字上升就心情變好。我們把自己的數字跟同事和朋友的數字相比較，誤以爲建立的連結更多，我們就更重要，或是更受歡迎、更成功。殊不知擁有廣大的人脈只代表一件事：你累積了廣大的人脈！

讓你的人脈成爲心動的來源。裡頭的人要是你樂於相處並幫助的人，他們在乎你的發展和成功，向他們坦承挫折和尋求建議也很自在。

精簡人脈，打造有意義的連結

人脈愈廣，裡頭有人能幫到你的機會就愈大，例如從中發現尙未公開的職缺或某個難題的答案——這就是大家花那麼多時間拓展人脈的原因。你認識的人，無論是工作上或社交上，對你已經有基本的了解；但廣大的人脈中，多數人跟你的互動都很少，所以你從他們身上還能學到很多。不過，充滿重要人士的人脈，和充滿**願意伸出援手**的重要人士的人脈，有相當大的差別。

凱倫是新創企業投資人，曾任科技公司主管。一開始她嘗試了拓展人脈的傳統路線，那就是盡可能多認識一點人。「我大概有大半年的時間都花在參加研討會和認識人上面，」她告訴我，「回想起來，那都不是眞誠的互動和聯繫，而是一種數字遊戲。」很累人，而且到頭來都是浪費時間。

反省過總是讓她失望的交際應酬之後，她發誓要做點改變。凱倫不再灑下大網，轉而跟一小群人建立更深厚的關係。後來她正好在評估一家公司的投資潛力，亟需一份專業研究報告。雖然她的新人脈不大，裡頭卻有凱倫認爲可能幫得上忙的女性。凱倫向這位女士求援，不到幾小時就收到詳細的回覆。「那份研究如果是我自己來做，要好幾個禮拜才能完成。」凱倫說。由於她跟這群人已經建立穩固的關係，她幾乎立刻就得到幫助。幾天後，她寄了一封手寫感謝函給幫助她的人。

精簡人脈後，凱倫還獲得其他好處。「交際應酬帶給我的壓力也少很多……腦袋空出了很多空間。」她說。

人脈太廣，很難形成有意義的連結。研究發現，人最多只能跟一百五十人維持有意義的關係，超過這個數字就很難眞正認識人脈中的人。試試一個簡單的練習：當你想到相識的人和朋友時，你想得起每個人的長相嗎？這些人讓你心動嗎？大概沒有。

即使是人脈很廣的人，多半也只跟其中的一小群人互動。我們人脈中的「朋友」，很多都不是眞的想跟我們建立關係，只會在需要幫助時想到我們。第五章中學會整理時間的克莉絲汀就吃過苦頭，才學到教訓。克莉絲汀是哈佛的企管碩士，她以爲名校的廣大人脈會爲她帶來許多好處；久而久之卻發現，這種人脈中有意義的關係不多，反而有一大堆人有求於你。「最誇張的一次是短短兩週就有十個人寫信給我，問我意見，」她解釋，「這些都不是朋友，也不是用心跟我建立關係的人。」回應這些人的請求對她的事業和生活都造成影響，讓她覺得筋疲力盡。

拓展人脈不只花時間，如果是網路上的交際，甚至可能有害心理健康。研究顯示，花愈多時間在社群媒體上就愈不快樂，因爲人通常只會分享好事，很少人會分享壞消息。你在LinkedIn收過幾次「我被開除了！」或「今天我在工作上捅了個大婁子」的訊息通知？別再跟他人在社群媒體上塑造的外在形象比較，而是要問自己：我離理想的職場生活更進一步了嗎？這是唯一重要的「比較」。

整理人脈的方法

要建立讓自己心動的人脈，關鍵在於**知道自己喜歡何種關係**。例如，有些人喜歡被朋友圍繞，一群人熱鬧地聚在一起；有些只喜歡跟少數人建立深厚的關係。我就屬於後者。我很不擅長跟人保持聯繫，跟少數人建立關係比較自在。

不過，後來我辭掉上班族的工作，開始當全職的整理顧問之後，因爲想要向人介紹我的工作，便投注了很多心力去拓展人脈。我參加了研討會，和不同業界的人聚會，跟很多人交換名片。然而，我漸漸發現有什麼不太對勁。

認識愈多人，我收到的活動和聚會邀約就愈多，行事曆也塞得更滿。最後再也沒有時間做自己眞正想做的事。我被信件淹沒，爲了回信忙得不可開交。看著筆記本上的人名時，我想不起長相的人愈來愈多。

像這樣被訊息淹沒的感覺並不好。而且我也懷疑，跟我甚至想不起來的人保持聯絡是否很像詐欺。人脈愈廣，我變得更加不安，於是我決定重整我的人脈。

我利用麻理惠的整理法，看著每個名字，只留下自己心動的人。我的通訊錄和應用程式上的人名大幅減少，最後除了家人和工作上的必要聯絡人之外，只剩下十個人。老實說，刪了那麼多名字，連我自己都很吃驚，但後來心情輕鬆多了，更能好好維持選擇留下來的關係。

因爲有了更多時間和餘裕，我跟家人更常聯絡，也可以眞誠地感謝朋友，即使是小事也一樣。我也比以前更加感激決定繼續保持關係的珍貴友誼。

自從重整人脈之後，我養成了定期檢視及珍惜人際關係的習慣。我寫下目前跟我互動往來的人，並記下我對他們的感謝。我因此更加珍惜他們，跟他們的互動也更溫暖貼心。這種方法正適合我，因爲我只要一頭栽進工作，就常忘了替身旁的人著想。

就像爲自己打造怦然心動的生活方式，選擇讓你怦然心動的人，然後細心呵護選擇留下的人，兩者都對建立心動的人脈不可或缺。當你覺得人脈有點不對勁時，把這視爲一種跡象。要相信一件事：對你建立的關係感到自在，生命才會更充實，也能對其他人的生命有更多貢獻。接著，心懷感激跟不再需要的關係說再見，用心培養決定留下來的關係。

評估聯絡人：找出讓你心動的關係

你可能在很多地方都有聯絡人名單，例如LinkedIn、臉書和其他社群媒體，還有智慧型手機和電子信箱上的通訊錄。之前麻理惠已經教過我們整理名片的方法，但把不同地方的聯絡人名單堆在一起，可能太過耗時。整理人脈時，一個平台一個平台地進行無妨。用類似的方法整理所有平台上的聯絡人名單，先從想像理想的職場生活開始，你希望身邊圍繞著哪些人、和什麼樣的人？你想跟哪些人往來？

一一想著每個人，然後問自己：**工作上我需要跟哪些人聯繫？**跟同事或生意夥伴保持聯絡，有時是工作的一部分。

接下來問自己：**哪些聯繫有助於實現理想的工作—生活？**這些聯繫爲你帶來怦然

心動的未來，例如新（更好）的工作機會、寶貴的資訊或洞察，比方銷售線索或有用的建議。

最後問自己：**哪些關係讓我心動？**例如，想到這個人我會開心嗎？我會期待很快看到他嗎？有些人可能是因爲跟你建立了有意義的關係而讓你心動，有些人可能是你喜歡幫助或指導的對象，或是你喜歡跟他們相處的朋友。

如果一個人以上三種都不符合，就把他從聯絡人中刪除，停止追蹤他們，或關閉他們在社群媒體上的通知。很多社群媒體都可以刪除聯絡人或停止追蹤而不讓對方知道。

之後，允許自己選擇眞正想留下的聯絡人。以前我都會一律答應LinkedIn或臉書上的交友邀請，因爲多增加一個「朋友」當下很有快感。後來發現這不是眞正在建立人脈，只是在累積泛泛之交。另外，也不要覺得自己有必要接受所有見面的邀約，或是出席自身領域的所有社交活動。這聽起來或許很難做到，但這樣反而有時間投入對你來說眞正重要的人際關係。

建立高品質的關係

第四章提到的東尼，最近才剛慶祝七年來的第三次升遷。他在能源產業擔任銷售和行銷人員，你可能以爲他的人脈很廣，所以才能快速晉升。其實不然。

公司經過大規模重整之後，他的上司被解雇，東尼以爲自己很快也會面臨同樣的命運。但他沒有向廣大的人脈求助，而是去找四個關係深厚的友人談，並很快找到四個潛力十足的機會。「重點不是聯絡人的數量。我沒有三十個人可以打電話求助，只有少少幾個人，但都是跟我關係深厚的人。」他說。

如果你的人脈有限，建立對你有益的正確關係就很重要。研究發現，高品質的人際關係是指兩個人眞心關心彼此，即使遇到難關，例如期限將至、犯了大錯，或像東尼這樣工作不保的時候也一樣。我們會跟這些人分享自己眞實的感受，從他們身上學習，雙方建立的關係也經得起考驗。

我的指導老師珍妮，不但是高品質人際關係的權威，也以身作則，示範了在職場上建立高品質人際關係的方法。在密西根大學任教期間，她證明了與同事之間的良好關係能帶來許多正面的結果，包括促進身心健康、激發創意和鼓勵學習。

想建立高品質的人際關係，**首先你要「在場」**。在臉書上幫朋友按讚，或看到LinkedIn上的朋友宣布升職的好消息時，傳送制式的「恭喜」都很簡單，但顯然意義不大。如果你不打算傾聽對方說話至少五分鐘（而且可能不是全部都很有趣），就不要隨便問人「最近好嗎？」。若想跟人建立良好關係，不要淡淡回答一句「不錯」。我記得珍妮第一次問我好不好的時候，我很快回她「不錯」，以爲她只是客氣地隨口問問——至今我還清楚記得她的反應：她直視我的眼睛，語氣堅定地問：「不是，我是眞心問你好不好？」她不願意接受我的第一個答案，因爲那無法培養出眞正的友誼。她要知道我遇到什麼事，想像我的狀況，才能眞的知道我過得如何。跟我仰慕、也期望自己成爲的人坦承自己的事，讓我覺得自己不堪一擊，但我必須克服這分恐懼。即使她是傑出的學者（而我只是個學生），她仍然渴望與人建立眞正的關係。

第二，幫助別人在工作上發揮所長。當別人發現你眞的想幫助他們的時候，就會敞開心胸跟你建立良好的關係。帶新人是個好方法，但不是唯一的方法。幫助他人還有其他非正式的方法，例如幫助需要協助的同事，或是自願傾聽。可藉由當「共鳴板」，爲別人的生活帶來大轉變，主動爲他們的專案提供建設性的意見，或是替他們的專案發聲。珍妮把很大一部分的教學生涯用在幫助學生上，很少指導者能像她一樣，其成果自然不言而喻。藉由這種方式，她培育出她的領域中最有影響力的專家。

第三，敞開心胸，相信別人，甚至讓自己更加不堪一擊——坦承自己的錯誤和缺點。讓別人能夠親近你，並且看到你也可以成長。當你對自己在職場上的地位很沒自信時，這點很難做到；如果你是領導者，其他人有時會把你看得高高在上，要親近你就更難。即使是公司裡最厲害、最有才能的同事，也會犯很多錯誤，就跟你一樣！丟掉偶包，別再假裝自己很完美，這樣才有可能跟人建立更有意義的關係。

另一個建立信任的方式是眞正的授權。別指派工作給別人，卻又不斷監督進度，無視對方的想法。我才剛進博士班不久，珍妮就把研究計畫中的部分重要工作交給我。我犯錯的時候，她很快指出自己也搞砸過很多次，並強調犯錯也是研究的一部分。

第四，鼓勵玩心。玩心不只能讓人偶爾放心地耍笨，也能深化思考並激發創造力。團隊或公司舉辦活動慶祝成果雖然可以帶動氣氛，但更自主自發的活動通常更加眞實，也比較不會有被強迫的感覺。

珍妮在教學生涯中舉辦過很多活動，出席的都是國際知名學者。教授通常都內向、嚴肅又憤世嫉俗，但她總是能設法激發他們的玩心。她最喜歡的一個方法，就是發給大家象徵活動主題的小東西，鼓勵大家放輕鬆。例如，在專業發展研討會上發給大家種子。

＊＊＊

有人請你指導、提供意見或幫其他忙時，不要毫不考慮就一口答應，而是要建立對你來說最重要的關係。放心拒絕浮泛的請求，畢竟利用人脈幫助你真正在乎的人才有意義。讓我們用高品質的人際關係取代交際應酬，用你覺得心動的一小群朋友取代膚淺空洞的廣大人脈。

8

整理會議

卡維諾在政府部門待過很長一段時間，先後任職於執法單位和美國陸軍。他對自己的職業生涯很滿意，紀錄輝煌，包括重整一家警校的課程和營運，還有穩固阿富汗的自由選舉。但這樣的職涯也充滿了大大小小的會議，因爲每天都得聽取簡報，卡維諾發現自己甚至會參加沒有事情要討論的會議。

後來，卡維諾離開公家機關到一家全球顧問公司工作。他的工作是幫助世界最大的一些公司建立人資系統的科技平台，例如員工薪資表和休假紀錄。

卡維諾很快就發現，私人企業跟公家單位很不同。因爲沒有嚴格的規定，領導者可以決定開會的時間和方式。

他接觸的第一個案子是佛羅里達州的製造商。這個案子有約翰跟馬克兩位領導人，兩人的背景和公司的資歷都差不多。雖然兩人都會參加彼此的會議，但每次主持棒交到另一個人手中，會議的進行方式就會改變。約翰喜歡頻繁而冗長的會議；馬克訂的會議不但比較少，時間也比較短。

在約翰主持的會議上，討論漫無目的，每次都拖到大家累到說不出話才結束。有次開會開很久，某同事想到一個讓大家解脫的方式：尿遁。有女同事說要去廁所，後來大家紛紛效法，會議才總算結束。「說這些會議搶走你工作的時間、把一天變得更長也不誇張……簡直是種懲罰……扼殺工作帶給你的樂趣。」卡維諾抱怨道。

相反地，馬克的會議準時開始，而且因爲事先訂出議程，還經常提早結束。卡維諾在開會時和會後都全心投入，也受到激勵，滿心期望在工作上發揮所長，貢獻自己的才能。

工作滿意度，取決於開會

無論會議有多令我們失望，我們還是需要開會。那是我們提出新構想、做出重大決策、向別人學習和共同合作的方式。根據一項研究，一個人對工作的滿意度，有一五%來自他們對參加會議的滿意程度。想想其他影響工作滿意度的因素，例如工作類型、薪水、升遷機會、跟上司的關係，你會發現這個數字還滿高的。

當我們主持或參與的會議進行得很流暢，就更容易對工作產生心動的感覺；相反地，要是會議很卡，毫無疑問會成爲大家痛苦的來源，也是生產力的最大殺手。這類會議會降低我們的參與感，使人情緒疲乏，也會榨乾工作帶來的樂趣。不過，從卡維諾的例子可見，問題不必然出在會議上，更少、更短的會議也有可能更有成效。無論你在公司的頭銜或角色是什麼，都可以藉由一些簡單的步驟讓會議事半功倍，並在會議中增添令人心情一振的心動感覺！

想像你的理想會議

開始整理會議之前，想想「理想的會議」是什麼樣子，包括你會參與和可能主持的會議。即使你剛投入職場，只能任由其他人主持的會議擺布，知道**自己想從會議中得到什麼**還是很重要。如果你告訴自己「我參加的每個會議都令人失望」，結果就會如此。

你會怎麼描述自己理想的會議——有清楚的主題和目標、大家積極參與、互相傾聽、尊重彼此的意見也樂在其中、在短時間內就看到成果？

寫下或想想心目中的理想會議，以及這樣的會議能產生的成果。

把會議「堆在一起」

因爲會議分散在一週的不同天，你可能不知道自己花了多少時間和心力在開會上。現在，把所有會議「堆在一起」。

查看上禮拜的行事曆，找出參加過的所有會議。記得把未正式排入行事曆的會議也放進去，例如最後一刻才通知的私下會議。把每場會議寫在索引卡上（或Excel試算表上，跟之前一樣），寫下會議名稱、花費的時間，還有你參加的頻率。

接下來，拿起每張卡問自己：

- **這對我的工作是必要的嗎？**例如，它提供了我從閱讀中無法得到的資訊嗎？它有助於解決重大問題嗎？最後有做出重大決策或行動計畫嗎？你是因爲怕上司生氣才不得不參加嗎？如果是週會，有必要每次都參加嗎？
- **它幫助我更接近理想的職場生活嗎？**例如，你從中學到了讓事業更上一層樓的方法嗎？
- **它令我心動嗎？**例如，是不是因此跟同事的關係更加緊密？你從中獲得了許多樂趣嗎？

把三項都不符合的索引卡撕掉。記得謝謝它教過你的事（即使是教你不要開會！）。

至於那些由你負責的會議，抱著「我要取消所有已經規畫好的會議」的心態檢視每張索引卡。沒有什麼是神聖不可更改的，無論是每週的聚會、每季一次的外訓、學期末報告，或兩個月一次的專案會議，只留下定期產生成效、給予參與者莫大滿足感的經常性會議，直到不再需要或有用。只因爲過去有良好成效，不代表成效會永久延續。

接著，把剩下的索引卡放在面前，方便你一目瞭然。它們告訴你有關工作的什麼訊息？你是不是花太多時間開會，都沒時間好好工作？大多數會議都有必要嗎？能幫助你更接近理想職場生活的會議太少？你發現自己的一天都被只爲了取悅老闆而參加的會議占據嗎？

區分「鬆散的會議」和「無關的會議」

盡可能推掉不必要、無助於實現理想的未來，或不令你心動的會議。不過，無論怎麼努力，大概無法每次都如願。有些人的工作性質就是推不掉會議，你必須自己判斷工作狀況。但很多人對會議的掌控度，其實比他們以爲的還要大。

我們不想參加會議通常有兩個原因。一是會議鬆散無條理，二是會議跟自己的工作無關。後面我會介紹如何讓一場會議更有條理。藉由整理能改善這類會議，而且這類會議跟你的工作密切相關，所以值得保留下來。你可以盡自己的力量讓會議發揮最大潛能。

然而，如果你覺得某個會議既無法提供新資訊，也無法表達自己的看法，就該試著停掉這些會議——你的出席無法幫助你更接近理想的職場生活或達成其他目的，例如幫助同事完成工作。東尼是我們在第四章認識的能源產業行銷人員，現在他參加每場會議前都會思考會議本身的潛在價值。他很多同事都加班到很晚，因爲整天有開不完的會，沒時間完成專案工作。「其中大概只有一〇%的會議，値得他們花那個時間。」他估計。

東尼採取了直截了當的做法。他發現身為一個優秀的團隊成員，有某程度的空間可以禮貌地拒絕會議。雖然他是中級員工，不需要安排會議，卻已經能夠判斷哪些會議值得參加。如果他覺得某場會議對他沒有幫助，也不會不好意思告訴上司。通常他會說：「如果我去參加這場會議，就會打斷實際上能增加股東收益的工作。」

很多公司很重視會議，所以不採取行動就直接跳過會議太不切實際。有些人或許是因為自信或位階不夠，無法大膽退出會議；或許是因為不敢直接跟同事說你不參加或認為這麼做不明智，而勉強自己去開會。試想以下對話會如何發展：「抱歉，但你的會議讓我好累，而且又沒意義，我不去了。」況且，如果是老闆召集大家開會，那就更不可能拒絕。那麼，你能怎麼辦？

可以事前跟主辦人拿會議大綱和議程，而且要抱著真心「有備而來」的心情。或許你會發現這場會議跟你的工作確實相關。但如果你對自己能學到或貢獻什麼仍有疑問，那就提幾個簡單的問題。問的方式要表現出你期待一場成功的會議，主辦人才不會豎起防備。例如：我該如何貢獻所長，才能讓這場會議圓滿成功？我可以怎麼準備？這些問題能夠快速且低風險地掌握你在會議中扮演的角色，甚至能讓主辦人發現你不一定要出席。

經過初步的試探之後，如果你還是認爲自己沒有可以貢獻的東西，就禮貌地推掉會議。你可以讓主辦人知道你不是參加這場會議的適當人選。研究顯示，提供解釋會提高成功的機會，例如你沒有相關的資訊，或是會議結果對你並無影響。如果可以，推薦一個能對會議更有貢獻的人。

如果所有方法都失敗，你仍然擺脫不了討厭的會議，至少找出一項你可以從中學習的事物。

開愈多會並不表示你愈重要

對自己坦承：你是不是不知不覺把會議「愈堆愈高」？每次我問人，他們的行事曆是不是排了太多會議，他們幾乎都說是。但當我問他們，如果沒受邀去參加會議會有什麼感覺，很多人都覺得那是對他們的羞辱或自己被邊緣化的跡象。盡量擺脫「開愈多會，你就愈重要」的想法。你眞的需要、甚至想要去開會嗎？你只是因爲這樣顯示出自己有多重要才去開會嗎？還是你擔心不去開會，會錯過重要的對話或關鍵決策？

記住：會議只是引發改變的眾多方法之一。你的目標不是拿下參加最多會議的獎盃。

每個人都能爲會議帶來心動的感覺

當你踏進會議時，你就走進了一個合作、決策、交換想法的共同空間。珍惜這個空間，它會變成你心動的來源。別把會議當成服務個人利益的地方——會議不是發表長篇大論、擁護封閉思想，或踩著別人往上爬的場合。

規則①：在場

我說的是「眞正的在場」。我看過太多「人在心不在」的會議。坐直，身體靠近桌子，散發正面能量。這不是你任由腦袋瓜神遊的時候。

規則②：有備而來

如果主辦人事先提供議程，一定要事先準備。如果你覺得根本沒時間準備，那你大概也沒時間去開會。再次問自己：這個會議眞的值得留下來嗎？

規則③：別帶電子產品

沒騙你，大家都看到你在偷瞄手機。這不但沒禮貌，也釋放出「這個會不重要、不值得認眞聽」的訊息。手機還會發出各種噪音，從通知到點擊螢幕都有。一旦有人開始，其他人就會跟著做，會議該得到的尊重一下就蕩然無存。如果專心開會，會議就能更快結束、更有效率，也更有趣。

規則④：聽……認真聆聽！

開會時，我們應該從彼此身上學習。這並不容易，因爲大家都喜歡說話。研究人員從一組實驗中發現，人眞的很愛說話，甚至願意爲了說更多話而放棄賺現金的機會。從這些人的腦部成像可見，說話給人的滿足感跟吃東西或性行爲一樣。也難怪會議很快會變成一堆人在七嘴八舌，完全離題，聽的人卻很少。

規則⑤：大膽表達意見

有時候你會有特別的資訊要跟大家分享。話題要能提供新資訊、不同的觀點，或是把討論拉回正題。如果你認爲需要更多批判性思考，就自告奮勇扮演「唱反調」的角色，或是代表「競爭者」或其他利益相關人，例如公司裡的另一個部門、監督者或客戶。厲害的主持人會制止多餘且無益的討論，但好的參與者能夠約束自己的行爲，根據「我是否提供了有助於達成會議目標的新資訊」這個簡單的規則，判斷何時該發表意見，何時該專心聆聽。如果答案是否定的，那就該專心聽其他人發表意見。

規則⑥：不要傷害他人

我們都是負責任的大人，怪罪別人、打斷別人、自我推銷，都會讓會議失去功能。有個傑出的研究調查了九十二場團隊會議，發現負面行爲對會議的傷害比正面行爲對會議的良好影響還大。所以，你起碼要做到，別把惡毒語言和不良態度帶到會議上。

規則⑦：支持他人

與其直接否定別人的說法，不如改以更好的回覆方式。用「好，那麼……」取代「不，但是……」，拋掉否定他人的第一直覺，訓練接納別人的意見。這樣對方的感受比較好，你也會因爲幫到別人而覺得開心。

學習條理清楚地開會

或許你是經常要召開會議的主管，或者你希望事業更上一層樓，肩負更多責任，其中可能也包括讓會議順利進行。你可能得跟客戶合作，跟他們一起討論才能得到更好的結果。你的上司可能有天跑來找你，請你代替他主持會議。你能夠勝任嗎？無論你擔任何種職位，學習條理清楚地開會，對你都是很有用的技能。

首先，掌握自己想達成的目標。這個會有必要開嗎？有些會議只是公布資訊，通常有更有效的方式可以替代，簡單的書面通知或幾張幻燈片或許就能達成目的。讓其他人有空時再快速更新資訊，把會議留給討論和決策。

如果是固定的定期會議，除非有人主動取消，不然就是每個禮拜都召開。你能夠把定期會議改成不定期會議，等有重要的事情再召開嗎？

第二，仔細思考邀請誰來開會。現在有電子行事曆，要邀人參加會議很方便，所以很容易就邀請了一大堆人，不是為了讓會議感覺更有份量，就是主辦人認為這樣會議會更順暢。如果要手寫邀請函，你還會花時間邀請這麼多人嗎？

實際的狀況是，人太多會拖慢會議的速度。比起會議室「坐滿人」，更重要的是「請對人」，也就是有珍貴的資訊分享，或有權力採取行動或做出決策的人。

第三，在邀請函中寫出會議目標。這樣能幫助受邀者決定自己有沒有必要參加。如果沒有必要，允許他們無條件跳過這場會議。如果你認為少了某個人，會議的效能就會降低，那就要說明他們的參與有多重要。若是沒有他們，會議照常能進行，這就表示他們不一定要參加。

在議程內提供詳細的資訊，以便受邀者事先準備。例如，列出要做的決策或討論的提案，請大家事先想一想，帶著自己的想法來開會。

第四，鼓勵大家積極參與。你邀大家來開會，沒有什麼比霸占講臺更快澆熄大家的熱情。一開始就要表明，你的目標是聽取大家的意見，而不是要大家聽你發表意見或接納你的所有意見。領導者說得太多，就會拖慢決策，降低生產力，決策的品質也會降低。

切勿下臺一一請人發表意見，應該請有想法的人直接舉手發言。利用開放性的問題邀請大家主動參與，這樣能促進討論，大家也能安心地暢所欲言。例如可以問：還可以用什麼方式來看這個問題？我們應該留意什麼盲點？客戶、員工或其他選民會有什麼感受？

如果開會的人心不在焉，尤其是在定期會議上，去找他們談一談，鼓勵他們下次在會議上發表意見。他們覺得自己沒什麼要補充的？若是如此，那是因爲他們不是參加這場會議的適當人選嗎？那就允許他們不用來開會。如果是因爲缺乏自信，例如他們是會議中最低階的人員，就要讓他們知道你邀請他們是爲了想聽他們的意見。

第五，訂出會議時間表。一場會議通常是三十或六十分鐘，因爲是整數，除此之外其實沒什麼道理。會議很少提早結束，即使工作已經完成也是。如果預定的時間是好幾個小時，就會拖好幾個小時。

一旦會議超過六十分鐘，大家就可能開始精神渙散。會開太久，前半段就可能效率低落，因爲沒有時間壓力。把會議時間縮短除了能節省時間，適當的時間壓力也能激發創意。

試著把目前的會議減少十五分鐘，除非你發現時間不夠。冗長的會議雖然耗費精力，但要小心的是，別因此改成時間較短但更頻繁的會議。大多數人都會一口答應時間短的小會議，但小會議要付出的代價可能不小於大會議（這還是假設小會議眞的很短，但實際情況很少如此！）。準備會議很花時間，而且會打斷其他工作。研究發現，花多少時間開會對員工影響不大，眞正影響他們的是參加多少會議。頻繁的小會議經常打斷工作，比起較不頻繁的大會議更讓他們沮喪、疲憊。同一個研究也發現，開更多會無法提高生產力。最好是把相關的問題放進大約四十五分鐘的會議裡一起討論，而不是在一週內預定好幾個小會議。

站著開會，拿掉傳統的會議桌椅，會激發更多創意和合作。從象徵層面來說，坐著就標出了地盤，人因此容易抓著自己的想法不放，較難接受其他新構想。相反地，站著開會讓人更投入，也較無地域之分。一個額外的好處是，站著開會通常比較快結束。

最後一點，會議不只需要目標和議程，也需要**總結**。從感謝大家的參與開始：在場的人撥空來支持這場會議，理應得到你誠心的感謝。總結應該要能讓大家知道，他們的時間爲什麼沒有白費。可以問這類問題：我們有了哪些進展？碰到哪些阻礙？學到什麼？解決了什麼？如果會議最後達成了某些決策，請與會者公開表示會支持這些決策，即使他們並不贊成。公開聲明之後，他們支持到底的可能性就更大，會後也比較不會暗中要小動作，破壞原先的決策。

＊＊＊

想像那些令人振奮的會議，還有你熱切期盼的會議。這些會議讓重要的專案有所進展，有時甚至還會提早結束。如果你盡自己的力量整理手邊的會議，這樣的理想並非遙不可及。幫助會議室裡的所有人體驗更多怦然心動的感覺吧！

9

整理團隊

馬可斯找到了夢想中的工作，在一家大型能源公司擔任採購分析員，監督北美地區的所有IT採購，每天去上班都很興奮。然而，工作一年後，能源產業大衰退，他的職位被砍掉。經理對他下了最後通牒，要不辭職，要不就加入新團隊。

可想而知，馬可斯既灰心又沮喪。他不想離開原來的團隊，但是新團隊的工作是過濾並修改公司每個月收到的一萬五千張帳單，聽起來很無趣。因為不想失業，他只好加入新團隊，開始「修改帳單」這個單調乏味的工作。「很痛苦，我很受傷。」他回想。

剛到新團隊，他就發現團隊的工作一團亂，因為錯誤率高達兩位數，公司有太多帳單沒付或錯付。這個十五人團隊也沒有正式的領袖，於是馬可斯挺身而出。「你分到這個供應鏈組織裡最爛的一個工作，」他告訴自己，「你可以成為一個沒有頭銜的領導者嗎？」於是，他成了幫忙大家修改帳單的人，讓其他人工作起來更加順利。他為團隊成員提供指引，也讓他付出的努力更具影響力。

不是領導者，也能夠活化團隊

馬可斯的作爲帶來很大的改變。團隊凝聚在一起，大家開始喜歡他們的工作，錯誤率少了幾個百分點，其他人也注意到他們的進步。不久，管理部門爲了嘉獎馬可斯，把他調到公司地位較高的分析部門。他離開帳單團隊之後，管理部門給了他的接班人正式的領導職位，這雖然是馬可斯從未獲得的肯定，卻證明他的非正式角色造成的影響有多大。

他跟之前的團隊仍然保持聯絡。不到幾個月，新領導者取消了馬可斯原本做出的改變，團隊成員的士氣和投入程度大減。他離開不到一年，管理部門又把馬可斯請了回去。

他再一次離開熱愛的工作，調往他覺得工作內容很無趣的團隊。更大的挑戰是，團隊這次還是一樣沒有指定的領導者，馬可斯還是得不到應得的肯定，或是加薪。他很失望，但內心深處有部分也很興奮能接下這個挑戰。

這次他帶著遠大的計畫而來。「即使這些人不歸我管，我還是要改造這個團隊，讓它發揮應有的功能。」他心想。馬可斯就像我們很多人渴望成爲的領袖，開始著手整頓團隊。團隊規模太大，生產力低落，成員對自己的團隊沒有心動的感覺。他立下遠大的目標，要把超過一〇%的錯誤率減到三%，讓人刮目相看，同時也要縮小團隊的規模。他希望大幅提升團隊效率，才不會第三次被召回。「團隊所有人都知道我在努力把自己的工作自動化，讓這個工作不再需要我。」他自誇道。

他還幫忙設計了一個機器人，負責相當於五位成員的工作，爲「縮減團隊規模一半以上」鋪路。之後，他爲成員找到更好的工作：一個從原本修改帳單的單調手工業，換去規畫團隊的會議；另一個終於有勇氣換到能提高工作技能的團隊。因爲他的努力，公司省下很多錢，員工也能做自己眞正心動的工作，跟之前修改成千上萬張帳單的單調工作不可同日而語。馬可斯從幫助他人之中獲得成就感，對自己的工作「超級滿意」。

團隊團結一心時，工作起來便充滿活力，效率一流。成員以團隊爲傲，積極地想造成改變。相反地，如果團隊如一盤散沙，不但工作提不起勁，時間也白白浪費，甚至心完全不在工作上，討論時毫無準備或不願說出自己的意見。

如果你所屬的團隊並不令你心動，要樂在工作也很難，大多數的工作都是如此。即使沒有正式的領導頭銜，馬可斯仍舊把握機會提升團隊，把一個效率低落、工作枯燥的團隊，改造成組織井然、工作內容更有趣、也更有價值的團隊。就算你沒有帶領團隊，仍然可以盡自己的力量讓團隊更有活力！

想像你理想的團隊

你或許遇過兩種團隊：一個是主要職務的團隊，一個是專案團隊。主要職務團隊是根據公司部門或其他組織需求所設立的固定團隊，例如一組護士、一隊士兵或跨部門的領導團隊。專案團隊則是暫時成立的團隊，之所以組成是爲了解決特定問題、推出產品、服務客戶或做出決策。兩種團隊都要跟其他人合作，整合不同觀點，提出並執行構想。

花一點時間想像你理想的團隊，它給人何種感受？充滿了正面的互動和互助的關係嗎？它是速戰速決、「只談公事」的團隊？還是工作之外也會聯繫，甚至一起出去玩的團隊？你的理想團隊會激勵你拿出最佳表現？會給你支持、鼓勵或成長的空間嗎？這裡的答案沒有對錯，只有你認爲適合自己的答案。

盤點你的團隊

現在來盤點你的團隊。在索引卡（或Excel試算表）寫下每個團隊的名稱，包括所有的主要職務團隊和專案團隊。

接下來，釐清每個團隊所做的事。你當然會看到「某某專案小組」或「常見問題處理團隊」之類的名稱。但這些團隊的眞正目的爲何？「目的」是你相信自己從事的工作具有的價值。它將我們帶向更大的目標，從中找到工作的意義。若是沒有目的，團隊會變成一盤散沙，在不同任務間擺盪，欠缺明確的存在理由。

團隊領導者應該要能找出團隊的目的，如果你就是那個人，還等什麼呢？現在就開始！其他人都想知道團隊存在的目的，就算從來沒人告訴過我們，這樣我們才會覺得自己的努力終究會有意義，時間也沒有白費。只說「成長」「解決問題」或「改善流程」太過籠統，也不夠激勵人心，盡可能具體描述團隊的目的，把團隊工作跟幫助他人或其他團體結合起來。以馬可斯的帳單修正團隊來說，他們的目的不是改錯，他的團隊帶有**重建公司信譽的使命感**，**並藉由精確且準時地付錢給賣家來達成**。以產品研發團隊來說，如果目的不只是推出新產品，而是讓客戶滿意、擁有更好的生活，團隊的發揮空間才會更大。

在一份激勵人心的研究中，研究員觀察了一組醫院清潔工，他們的工作是維護病房和公共空間的整潔。這種工作通常很繁瑣，員工也不太開心，但這個團隊卻活力充沛，成員也熱愛他們的工作。他們的祕訣是什麼呢？團隊成員不只是打掃病房，還把自己視爲「爲病患提供重要照護的人」。除了爲重症患者提供舒適的環境，也有責任改善患者的心情，例如遞面紙或拿水給嘔吐不適的患者。

在每張索引卡上用一句話寫下你參加每個團隊的目的。問自己：我們的團隊對公司的目標或願景有何貢獻？我們提供了什麼有用的資訊或構想？我喜歡這個團隊嗎？

回答這些問題對你來說很難嗎？或者試試跟其他成員談談他們對團隊目的的看法。如果你還是很難回答，那麼這個團隊或許沒有存在的理由。有些團隊過去曾經存在，但現在已經達成目的了。

評估你盤點的團隊

拿起每張索引卡，從最簡單到最難開始評估。對大多數人來說，這是指從參與度最低的團隊開始，最後才是主要職務團隊。用以下問題來評估每個團隊：

- **這個團隊對我的工作必要嗎？**除非你換工作，不然就得留在主要職務的團隊裡。其他團隊有必要留下來是因爲：提供工作所需的資訊、需要你的貢獻，或純粹是上司要求你加入。
- **這個團隊能幫助我更接近理想的職場生活嗎？**或許它給了你工作的動力，或提供你實現未來理想的技能或人脈。
- **它讓你心動嗎？**例如，努力達成團隊目標帶給你很多樂趣嗎？

放下一張索引卡之前，要知道無論一個團隊有時表現多差，通常還是有它的價值。你可以從團隊成員中學到什麼？你跟誰最親近、最喜歡跟誰說話？你爲團隊做的事當中，哪一種最值得？

把團隊分成兩類：你滿意的，和需要改進的。如果你的主要職務團隊令你心動，那就太好了，因爲那通常是你花最多時間的地方。如果某個專案團隊讓你心動，吸引你的是什麼？知道心動的來源能幫助你更了解自己，還有你想從工作中得到什麼。

我雖然很想在這裡分享甩掉無趣團隊的祕訣，但對大多數人來說這太不切實際了。更實際的做法是**把團隊變得更好**，以及成為更多樂趣（更少沮喪）的來源！把注意力放在需要改進的團隊上，但我提供的建議也能讓好團隊變得更好。記住：無論你的職稱爲何，你都可以學些簡單的方法讓團隊變得更令人心動。

別當豬隊友

團隊中只要有一個人擺爛，很快就能把好團隊變成一盤散沙。沒人想爲偷懶耍廢的人多做工，收拾他們留下的爛攤子。不勞而獲是汙染團隊士氣的毒素。我們常聽到「那個誰誰誰又不做，我幹嘛那麼拚命？」這種話。這種態度一旦擴散出去，團隊就變得一團亂。除了互相指責和豎起防備之外，愈來愈少人會事先做足準備，把工作做好的人甚至會更少。替別人完成工作的人開始不滿，甚至會累垮。

一個人變成豬隊友都是有原因的，通常不是因爲他們懶惰或不負責任。你有沒有參加過你認爲其他人都比你聰明、懂得更多、更有經驗的團隊？缺乏自信往往使人看不到自己對工作帶來的獨特貢獻。能幫忙解決最大挑戰的人，經常是團隊中最沒經驗的人。別讓「我沒有東西可以貢獻」這種錯誤看法，阻礙你參與團隊，或者讓團隊覺得你好像不存在。讓每個人（包括你自己）知道，他們都能對團隊有所貢獻，藉此建立成員的自信。明確指出他們能對你、對團隊、其他組織成員或客戶造成的改變。

信任造就好團隊

在步調快速的現代社會中，互相信任可以避免大家累垮、把工作上的問題帶回家——回到家也脾氣暴躁，沒時間陪伴值得你花力氣陪伴的家人。信任除了能打造更愉快的工作環境，也有助於團隊達成重要的目標。在彼此信任的團隊裡，每個人都想讓團隊更好；在缺乏信任的團隊裡，大家只想到自己，而且往往會犧牲團隊的利益，結果是：團隊一團亂，花很多時間爭論，成效卻很有限。

信任等到需要再來建立就來不及了，所以還等什麼呢？花時間在辦公室以外的地方熟悉團隊成員。公開分享資訊，藉此鼓勵大家也這麼做。別急著指責團隊成員犯的錯，這樣他們以後就更不想坦承自己的錯誤。應該要坦率地討論過去的失誤，從錯誤中學習。此外，承認自己犯的錯；一旦願意承認自己的局限，我們就不會再對每個小失誤都這麼嚴格。這樣能打造一個令人安心的環境，裡頭的成員都能坦承自己的缺點，爲改進團隊而努力。

意見不合也不會天下大亂

在一個多數人都同意你的房間裡，感覺是很放鬆沒錯，問題是，如果他們不反對你，可能就無法全面分析一個決策，或帶動充分的討論。等到大家都不敢提出反對意見時，團隊失能，你就輕鬆不起來了。一般稱這種現象爲「團體迷思」，這樣的團隊難以發揮功能。爲了讓團隊發揮最高效能，你要能跟不同意見的人自在討論。

研究發現，即使在不同的團隊裡，人多半還是會把焦點集中在大家都知道的事上，例如客戶的喜好、之前的案子，還有公司一般的運作方式。即使我們比較會討論大家都知道的事，但每個人都會帶來不同的認知。這些看似瑣碎的資訊，往往才是團隊成功的關鍵。換句話說，團隊裡的每個人都能盡一己之力，爲工作貢獻自己獨有的經驗、想法和背景資料。

如果你覺得團隊的意見太過一致，指派某個人扮演唱反調的人。因爲有明確的角色分配，你就能安心否決其他成員的構想，指出其中的缺漏。記得也給其他人扮演這個角色的機會，這樣能帶來新觀點，而且一直扮演質疑者並不好玩。

如果這麼做還是很難激發不同的想法，千萬別採取一般團隊常用的方法——腦力激盪。腦力激盪產生的構想經常難以達成，因爲它們是在結合「提出構想」和「評估構想」的狀況下產生。雖然努力打造一個互相尊重、令人安心的氣氛，讓大家都能提出構想，但構想通常還沒機會發展就被否決。看著其他人的想法被刷下來，幾輪之後，有些人乾脆保持沉默。我們很難不把對自己想法的負評當作對自己的批評。

不如用「書面腦力激盪」來取代一般的腦力激盪，寫下你想到的構想。這個方法很安靜，跟腦力激盪有同樣的好處，卻又能避免它的壞處。**這樣能把「提出構想」跟「評估構想」分開**。過程很簡單。請團隊成員把構想寫在紙卡上，經過一段集思廣益的時間（通常約十五分鐘）之後，由一名成員把類似的紙卡集中在一堆。輪流對團隊公開每個不具名的構想，大家一起評估。

整理個人恩怨

如果一個團隊因爲個人差異和勾心鬥角而衝突不斷，對整體團隊或個別成員都會造成傷害。沒有人想要成爲被攻擊的目標，或常看到隊友相互攻擊。這種工作環境要如何教人怦然心動?!

別捲入其他人的明爭暗鬥，避免道人長短或說人壞話，更別誤以爲跟團隊其他成員一起抱怨某個人，就會培養出眞心且長遠的患難情誼。這樣的友誼虛假而短暫，而且有害名聲。

某人挑戰你的想法並不表示他們不喜歡你或心懷惡意。我知道要體認到這點很難。我們的自尊和不安全感可能會把別人對我們的負評當作攻擊，即使對方並無惡意。假如團隊先建立好對彼此的信任，就能發揮某程度的防護作用。信任能把不同意見轉化成建設性的對話，也讓我們在聽到負評時不會那麼不舒服。

藉由排解個人恩怨，清除你也有責任的對立猜疑。有時候這需要你採取主動，澄清誤會。我知道要主動跟一個人說「我希望我們當好夥伴，在工作上互相支持。之前我沒能做到，我很抱歉」有多不容易。大多時候對方也會給你善意的回應，如果沒有，那他們可能具有研究者所說的「自我中心傾向」（個人主義強烈），因而看不到你表達的善意。再試一次看看，這次更明確地表示你想克服兩人差異的決心。

大團隊通常雜亂無章

大團隊很可能亂成一團。研究顯示，大團隊比小團隊更難管理。因爲人多，成員對團隊的貢獻很可能互相重疊，團隊變得鬆散雜亂的機會就更高。此外，周圍那麼多人，很難跳脫身分看見自己的工作對團隊的影響。

大團隊十之八九也反應較慢。要在大團隊裡達成共識很花時間，有時甚至根本不可能。亞馬遜網路書店執行長貝佐斯有個「兩份披薩原則」，也就是團隊不能超過兩份披薩餵不飽的規模。研究證實貝佐斯的原則有其道理。大多數團隊的理想規模是四到六人，這種大小的團隊能提出構想、做出決策和有所創新。人數若超過九個人，成效就會瀕臨極限。

雖然團隊規模多半由領導者決定，但知道大團隊的缺點對任何人都有幫助。如果你的團隊比較大，建議把團隊拆成較小的工作小組。不要貿然推薦沒有獨特觀點的人加入團隊。如果你是負責人，請致力於打造小團隊。

麻理惠的怦然心動工作整理魔法

建立心動團隊的祕訣

對麻理惠的團隊來說，爲工作怦然心動非常重要。我們採取的第一步驟，就是根據每個成員心動的工作類型來分配工作。例如，我們的行政助理凱恩喜歡利用Excel有系統地整理資料，也很擅長處理需要馬上解決的小細節，所以這類工作我們都請她幫忙。她是那種從工作中獲得能量的人。

喬瑟琳是我們的社群媒體管理員。她對發揮社會影響力有強烈的興趣，所以我不把經營社群媒體的重點放在增加追蹤人數上，而是跟她分享我們的工作如何打造一個更好的世界。

安德莉亞喜歡讓客戶開心，所以我們請她負責跟客戶溝通。她會在公司的週會上跟我們分享當週她做了哪些事讓客戶開心，我們稱之爲「Wow Moment」。每次的分享都能讓團隊更有衝勁。

至於我先生河原，他喜歡跟人互動，打造一個能讓大家發揮所長的工作環境。目前他負責管理團隊並兼任我的經紀人。這份工作宛如爲他量身打造，我甚至認爲這一定就是他的天職。

如果想要樂在工作並提高生產力、知道自己的熱情所在，跟其他團隊成員分享就非常重要。同時，也要知道其他人對何種工作怦然心動。

團隊可以是所有成員心動的來源，卻也常常無法達成一開始的理想。團隊的成敗是每個人的責任，跟你的職稱、年資或任期無關，而能夠樂在工作更是一件幸福的事。盡你所能整理你的團隊，不只能爲自己、也能爲所有成員帶來怦然心動的感覺。

10

跟他人分享整理的魔法

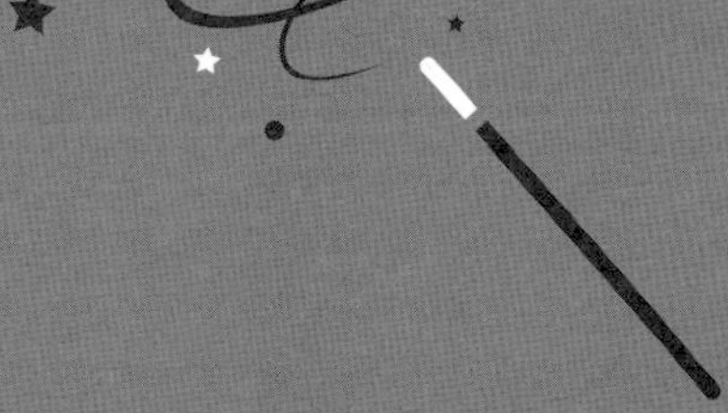

你可能會想，如果周圍的公共空間雜亂不堪，你又何必要維持桌子乾淨整齊？或者你可能會質疑，如果公司文化就是不斷把行事曆填滿，爲什麼你要整理行事曆？此外，在一個大家隨時隨地都在收信的公司裡保持收件匣的清爽，對最有決心的數位整理狂都是一大挑戰。重點在於，藉由整理工作，你送給自己一份遠遠超越乾淨清爽的辦公桌、行事曆或收件匣的禮物——你拿回了一部分職場生活的掌控權，那麼接下來呢？

跟其他人分享整理的魔法！

手中沒有掌控權時，我們很容易認爲自己能改變的不多。人常把工作上的混亂失序歸咎於公司的領導人，某些時候他們確實難辭其咎；但與其袖手旁觀，不如看看你能做些什麼來改善現況。

小作爲能爲組織帶來出乎意外的大改變。千萬別覺得自己不夠重要或不夠資深，所以改變不了什麼。你當然可以！只要別不切實際。公司文化不會一夕改變，所以，一次一步，慢慢把整理帶給你的心動感覺散播出去。

用整理成果激勵他人

我的辦公室以前很亂……亂到不行。裡頭堆滿了書，即使以教授的標準來說也是，而且大部分的書都很多年沒碰了。一疊疊論文堆積如山，遮蔽了我的視線。我的抽屜可比一間黑心超商，裡頭的餅乾早就過了保存期限，堆積多年的辦公用品還沒拆封。我甚至有一把神祕鑰匙，至今都不知道是用來開什麼的。

我沒什麼整理的動力，直到寫完第一本書《讓「少」變成「巧」：延展力》。我發現周圍很多人問我，我的研究跟麻理惠的整理法要如何結合在一起。老實說，一開始這些問題讓我驚訝。我所做的研究證明，善用手邊的資源有助於創新、提高工作表現，最後讓生活更加美好。我知道麻理惠是備受肯定的作家和整理專家，但教人如何整理住家的方法，怎麼可能讓人在職場上更成功、更滿足？

《Well＋Good》雜誌選出二〇一七年最有趣的十本著作，我的《讓「少」變成「巧」：延展力》也上榜，並被稱爲「進階的麻理惠整理法」。我很好奇，也有點半信半疑，於是決定來整理我的辦公室看看。因此，我親身體驗過用麻理惠整理法之後產生的巨大改變——我發現那不只是實際動手整理而已，更是**自我發掘的過程**。煥然一新的空間也引起眾人的注目，挑起同事對整理的興趣。但更重要的是發現自己，並離理想的生活更進一步。

整理完辦公室之後，我的同事都嚇了一大跳。「哇，發生了什麼事？」他們問，「你的辦公室太神奇了！」他們也想要一個擺滿自己心動物品的空間。分享我的辦公室只是起點，我的野心更遠大，希望大家不只整理辦公空間，工作的其他所有層面也不放過。

這就是你能出手幫忙的時候。雖然不能強迫別人整理，但你可以分享自己的成果，激勵他們採取行動。邀請同事來看看你的工作空間，談談你管理電子信箱和行事曆的方法，秀出你的智慧型手機和電腦桌面，讓大家知道你如何避免把自己壓垮的決策。持續跟人建立高品質的關係，周圍的人就會被你打動，也仿效你的做法。解釋你開會之前如何禮貌地要求別人提供議程，還有這麼做的原因。

如果可以就更進一步。跟公司領導者提議訂一天爲「整理日」，這樣辦公室所有人都能改造自己的工作空間。至於會議，提議每週有一天取消所有會議，只留下最重要的，並盡量縮短開會時間，把省下來的時間用來做你心動的工作。跟公司其他人協調每天找一個小時暫停收發電子信，暫時免於接連不斷的干擾。此外，把熱愛整理工作的人集合成一個社團，學習新的整理法，激勵彼此繼續進步。

照顧自己的工作空間

如果你跟大多數人一樣，即使看到公司地上有張紙屑，大概也會視而不見地走過去。你上次看到辦公室茶水間有髒盤子卻沒動手洗起來，是什麼時候？你有沒有走進會議室卻發現白板沒擦的經驗？這些雜亂都沒什麼大不了，卻發出了「缺乏照顧」的訊號。

久而久之，小雜亂可能變成大雜亂。有份研究比較了乾淨和雜亂的共同工作空間。經過一小段時間，雜亂空間累積的雜物是乾淨空間的三倍。雜亂障礙一被打破，人很容易就會開始堆積東西。你整理工作上的各個類別都有這種現象，例如，邀請太多人參加會議或寄出太多電子郵件，過不了多久大家就會有樣學樣。

家父經營一間汽車旅館，我還小的時候，夏天會跟他一起工作幾天。我們在旅館裡走來走去時，每次他看到走廊上有垃圾都會撿起來。有天我問他，他是老闆，底下有那麼多清潔工，何必那麼麻煩。他語氣平和地說：「照顧空間是每個人的工作，從清潔工到老闆都是。」「人人有分」這一課，從此印在我的腦海中。

這麼說，不是要你當公司的工友，給自己太多壓力，而是要問自己：我可以做些什麼小事對公共空間表示關心？可能只是偶爾順手把廚房裡的盤子洗起來那麼簡單。假如會議愈來愈混亂，例如一直離題和政治角力，你可以說些什麼來拉回正軌？如果有封群組信沒完沒了、逐漸失焦，你要如何重新聚焦？

珍惜你的同事

透過整理，你會發現照顧生命中的各種事物有多重要，跟你共事的人尤其如此。我們往往把同事視爲理所當然（同事也這樣看待我們），事實上，他們做的工作、付出的努力和對維護工作環境的貢獻，無疑都對我們的成功和對工作的滿意度有很大的影響。我們很容易忘記，自己處心積慮扳倒、跟我們爭執不下或搶奪資源的人，也値得我們的尊敬。敬重你的同事和對手，對方就可能這樣對待你。這對雙方都比較好。

你珍惜你的同事嗎？用一到五來評量。1從不，2很少，3有時，4很常，5總是。你有多常……

——對他人表達感謝？

——看到他人的重要貢獻？

——尊重、支持或鼓勵其他人忠於自我？

——相信別人、給別人機會？

——把別人視爲值得尊重的人？

把分數加起來，如果總分不超過二十，就表示你還有進步空間。肯定他人的存在、認眞傾聽、誠懇表達意見，把每個人都視爲值得尊重和認同的人。跟人互動時，權力、地位、名利、財富都不應該影響我們對待他人的方式。整理教我們最重要的一課，就是對所有事物「心懷感激」。抱著這種心情，盡自己的力量打造一個尊重所有人的工作環境。

別把「感激」跟公司的「福利」混爲一談。我還在矽谷一家新創公司上班時，公司都會固定提供員工免費的早餐和晚餐。一開始，我認爲這是感謝員工努力工作的好方法，每天晚上也都很期待菜色。久了之後，我逐漸發現這是延長我們工作時間的方法。因爲知道有晚餐等著我，我就會把工作愈拖愈晚，這不但干擾了晚上的休息時間，甚至也干擾了我的睡眠。

我常聽人抱怨沒人感謝他們做的事。他們要的不是免費晚餐或公司的贈禮，而是有人肯定他們的工作，例如誇獎他們的表現很好，或感謝他們爲了額外的工作犧牲家庭時間。你也可以眞心感謝別人的貢獻，無論你是公司的老闆或最資淺的員工。

最近一份針對兩千名美國人所做的調查發現，大多數人認爲對同事表達感謝能讓對方開心且更有成就感。但同一份調查也發現，無論什麼時候，會對同事表達感謝的員工只有一〇%。結果就是：太多大大小小的事沒人察覺、也無人肯定——即使表達和接受感謝都給人怦然心動的感覺。研究還發現，收到感謝讓員工更投入工作，也更願意幫助同事。

表達眞心的感謝不花時間，也不花錢。有間專賣訂做T恤和其他商品的公司，員工有一千五百人，他們用「哇！」來爲員工所做的事表達感謝。不管是誰都能寄「哇！」給同事，無論是看似微不足道的小事（爲幫助客戶而多花力氣）或重大的成就（完成重要專案）都可以。最重要的是，「哇」的內容很詳細，明確指出事件給人誠懇的感覺，證明你眞的注意到了。

如果你的組織沒有讓人表達感謝的正式管道，不妨自己來。工作來自很多人的貢獻，這些事夾在每天的繁瑣雜事中，很容易被忽略。停下來看看四周，你看到了什麼呢？

你上次眞心感謝同事幫忙是什麼時候？會議結束後，對參加的人說聲謝謝，明確指出他們對會議的幫助；公開讚揚對專案有貢獻的人；稱讚某個人。

＊＊＊

把你的整理之旅告訴同事，爲辦公室注入更多心動的感覺；把你的方法教給想學的人；跟人分享「整理如何改變你的工作和生活」，很快就會有人也躍躍欲試。

在本書的最後一章，麻理惠將介紹一些小訣竅，爲工作帶來更多心動的感覺。她也會分享她做的小改變，如何對她的職場生活造成巨大的影響。

11

從工作中找到
更多心動的感覺

這本書涵蓋了很多層面，包括如何整理辦公室、數位資料、時間、決策、人脈、會議和團隊。我要在最後一章分享我牢記心中的重點、我用來讓自己對工作更心動的方法，以及我從他人身上學到、也想融入工作之中的訣竅。

照顧留下來的物品，能提高工作表現

我還在人力仲介公司工作時，到辦公室的第一件事就是整理工作空間。首先，我放下包包，從抽屜裡拿出我最喜歡的抹布擦拭桌面。接著，拿出我的筆電、鍵盤和滑鼠，也擦拭一遍，同時在心裡想著這句話：「希望今天的工作也一樣充實！」我還擦了電話，感謝它總是為我帶來好機會。

星期一是我的「深度整理日」。我蹲下來擦拭椅腳，然後爬到桌子底下擦電線。像這樣寫出來，感覺好像很費工，其實總共花不到一分鐘，但卻讓我的桌子乾淨又整齊，煥然一新。空氣變輕了，要靜下心來工作也更容易。手忙著整理的同時，我可以清空腦袋，把這段時間變成小小的靜心，一個讓我切換成工作模式的小儀式。

我日復一日重複這個儀式，工作表現也跟著進步，業務成績提升。聽起來或許好得不可思議，但我在一季一次的會議上，因爲表現進步被表揚的次數確實增加了。而且我並不是特例，我看過無數因爲照顧物品而讓工作提升的例子。很多客戶告訴我，在一天剛開始用這個方法來整理工作空間之後，他們發現自己的提案更容易被接受，銷售成績也進步了。

爲什麼會這樣？我思考了一段時間，終於得出結論。首先，早上到辦公室先擦桌子，就表示桌子已經乾淨又整齊，代表我們不需要再尋找文件，用完文件時也不用再想要放在哪裡。這麼一來，工作效率就提升了。此外，在井然有序的環境裡工作很舒服，讓人想法更正面，靈感和構想也源源不絕。不過，我認爲最重要的是，當我們好好照顧有助於工作的事物時，也會釋放出不同的能量，對客戶和同事的態度和行爲隨之改變，工作成果自然而然就跟著提升了。

用心照顧我們選擇留下的事物，這些事物就會散發出正面的能量。多年的經驗讓我相信，任何一個地方，只要以尊重和感激的心對待那裡的物品，無論是家裡或辦公室，都會成爲讓人放鬆和充滿能量的氣場。

要把工作空間轉變成不斷產生正能量的氣場，保持乾淨就很必要。我喜歡使用自己最愛的抹布或芳香濕紙巾，因爲這麼一來，打掃的習慣就會變成一件有趣的事。整理時，記得對一直以來使用的物品表達感謝，將物品歸位時也要一一感謝它們幫助你完成工作。

理想的狀況是整天都保持感恩的心。早上到公司第一件事，就是感謝所有讓工作更順暢的一切事物。不過，如果無法自然產生這樣的心情，記得的時候再表達也無妨。有學員想到一個好方法，她在漂亮的紙膠帶上寫下「常保感謝之心！」，然後把它貼在電腦螢幕的邊緣，提醒自己要感激幫助她完成工作的工具。

相信我，這樣珍惜物品的影響力無窮無盡。你何不也把工作空間改造成能量源源不絕的氣場呢？

爲工作空間增添心動的感覺

「別想成是整理，告訴自己那是室內設計。」這是我的朋友對「整理」裹足不前時，她的母親跟她說的話。多麼棒的描述方式！當我們告訴自己「一定要」做某些事時，感覺就像件苦差事；但若是把整理看成能爲工作空間帶來心動感覺的創新之舉，我們就會樂此不疲。

所以，打掃工作空間時，別想成是「整理」，告訴自己是在設計一個怦然心動的工作空間。畢竟這眞的就像在布置，尤其是整理完後，開始篩選自己喜歡的擺設時。整理時，把理想的職場生活放在心中，想想要做些什麼，才能讓自己的心爲工作空間開心飛揚。

拿筆來說好了。我有很多客戶動手整理之後，才發現自己用的筆都是贈品。這就是你開始挑選愛筆的好機會。而且不只是筆，選擇日常工作所需的用品時，例如筆筒、剪刀或膠帶，確定都是你喜歡的用品。雖然立刻全部換新好像很方便，但最好還是慢慢來。與其衝去買一堆差強人意的新品，我建議你慢慢找，直到找到「光是看著或觸摸都怦然心動的物品」再下手。

此外，記得挑幾樣即使工作上不需要，卻讓人心曠神怡的東西，我稱之爲「心動小物」。任何能振奮精神的東西都可以，例如照片、明信片，或特別喜歡的植物。我會在桌上擺水晶。水晶閃閃發亮，不只能爲辦公桌增色，也能淨化空氣，促進思考和活絡腦袋。

從事整理顧問工作以來，我遇過最特別的「心動小物」是一套牙刷。這套牙刷的主人是一家公司的社長，他把牙刷組放在辦公桌上。身爲整理顧問，我看過各種東西，但這個很不尋常。我忍不住問他為什麼是牙刷？「即使坐在辦公桌前，只要看到我在刷牙就不會有人來跟我說話，」他解釋，「我想專心做事的時候這招很好用，因為沒人會來打擾我。」光是看到牙刷放在桌上，他就有心動和安心的感受。

這當然是個特例。畢竟那是一家很小的公司，只有兩名員工，洗手間就在社長的辦公桌後面。重點在於，用你覺得心動的物品布置桌子，無論是什麼都可以。

說到布置桌子，從我到美國工作以來，發現美國人比日本人更常在工作空間放「心動小物」。日本上班族對於在辦公室放私人物品多少會猶豫，但美國人在辦公桌上放結婚照或植物之類的東西卻很普遍。我還在辦公室裡看過模型飛機和大氣球，一開始雖然驚訝，但因此發現，為辦公室增添一些玩心也很重要。

我在美國看過的辦公室之中，最有玩心的是位於舊金山的Airbnb公司。這家公司鼓勵員工發揮創意，也很重視開放性討論。辦公室有很多小房間可供員工個人使用或召開小型會議。每個房間的室內設計都以世界各地為靈感來源，例如巴黎、雪梨或倫敦。日本主題的房間，道地又細膩的日本味讓我印象深刻，完美複製了一九五〇年代居酒屋的氣氛，裡頭有紅色的紙燈籠，入口還有暖簾，以及古色古香的小擺設。然而，不只是個別房間，整棟辦公室建築的設計都令人心動。但如果你們公司無法做到這樣，仍然可以運用巧思爲工作空間添加心動程度，以下是幾個例子：

- 爲桌上的同類物品決定一個主題色。
- 布置工作空間時，選你最喜歡的電影或故事當作主題。
- 上網找照片布置你的辦公桌。
- 在桌上擺小盆栽。
- 放一張喚醒美好回憶的照片。
- 放閃閃發亮的東西，例如水晶或玻璃紙鎭。
- 在桌上擺個擴香器，讓你的工作空間散發特殊的香氣。
- 在桌上擺一根漂亮的蠟燭當作裝飾。
- 爲飲料選擇漂亮的杯墊。
- 隨著季節改變電腦桌面的背景。

那麼你呢？你想到哪些東西能讓工作空間更令人心動？盡情發揮你的想像力，利用「心動小物」爲工作空間加分。

對工作沒有心動的感覺，就該換工作嗎？

藉由整理，你自然而然會磨練出辨別什麼事物讓你心動或不心動的能力，這分敏感度也會延伸到各種事物上。我知道很多人整理完工作空間之後就換了工作，或是辭職去創業。

聽到這種例子，大家常會問：「我對目前的工作沒有心動的感覺，應該立刻辭職，去找別的工作嗎？」瑜就是其中之一。她在一家食品製造商工作，整理完住家和工作空間之後，她發現自己眞正心動的事是做飾品。

「公司給我的薪水很好，」她告訴我，「但我每天回到家都筋疲力盡，工作實在不有趣。我在想，當配件設計師、自己創業會不會比較好，還是我應該轉去製造配件和手工藝品的公司工作。」

客戶來問我這類問題的時候，我第一個反應是鼓勵他們選擇自己心動的一條路。然而，瑜對於這點的感受有點複雜。「當配件設計師無法養活自己，」她說，「我也沒看到眞正吸引我的公司。」

我接著建議她去做工作分析。我鼓勵她檢視目前工作的不同面向，判斷哪些部分讓她心動，哪些沒有；我也請她確認自己是否能夠掌控這些面向。

幾個月後再見面時，我很驚訝她變了很多。她看起來很開心，也放鬆多了。她告訴我，評估過自己的工作後，她決定暫時按兵不動。「檢查過那些不心動的面向之後，」她解釋，「結果發現很大一部分跟尖峰時間通勤有關。通勤很累人，於是我開始早一個小時進公司，這大幅降低了早上的疲勞程度，工作起來有效率多了。

「另一個因素是我對某個客戶眞的很反感。我鼓起勇氣去找老闆商量，後來工作換由另一個人負責。**改變自己能改變的事**之後，我減少了很多把工作樂趣吸走的事。現在我眞的很喜歡我的工作。當然不是所有層面都讓我心動，但我發現最適合我的工作—生活平衡，就是擁有令人滿意的薪水，業餘又能追求對配件設計的熱愛。」

如果你跟瑜一樣，正在猶豫該不該換工作，我鼓勵你先分析目前的狀況。工作上遇到困難時，無論是跟同事或客戶的關係，或是工作上的職務分配，問題往往不只由一個因素造成；我們有必要一一查看並處理這些因素。工作目前有什麼讓你心動，什麼不感到心動？什麼可以改變，什麼不行？客觀看待你目前的狀況和處理方式，思考要怎麼做才能實現心動的工作模式。或許你可以做一些事改善目前的狀況。

無論你最後的決定是留下來、找新工作、辭職，還是創業，評估和看清目前的現實，都是採取下一步驟之前最好的準備。這是我從整理中學到的寶貴一課。採取新步驟總是少不了要放棄一些東西，跟某些事物道別，所以先做好心理準備才那麼重要。諷刺的是，或許是因爲壓力的關係，當我們用不屑的眼光看待不心動的事物，懷著「不想要」或「不需要」的心情把它們丟棄時，最後的結果卻可能是購買更多類似的東西，重複面對類似的問題。

所以當你決定丟掉某些東西時，要著重於它曾經對你的幫助，懷著「感激它曾經跟你有過深厚關係」的心情跟它道別。你對物品發出的正面能量，日後將會吸引令人心動的新關係來到你面前。考慮換工作時也適用同樣的原則。從正面的角度、懷著感激之心檢視你目前的工作，認知到「工作或許很難，但仍然讓你獲益良多」，例如體悟到拿捏人際距離的重要，或是多虧這次經驗你才能找到適合自己的工作方式。這種態度會引導你在下個階段找到適合自己的工作。

享受「打造心動的職場生活」的過程

我認識的人當中，最樂在工作的人是日本知名書法家武田雙雲，本書的英文版封面書法正是出自他的手筆。認識他之前，我對書法家的印象就是正襟危坐、一臉肅穆地揮舞著手中的毛筆；武田卻剛好相反，他全心全意熱愛自己的工作。

「創作作品時，我從來沒有難產的問題，」他說，「那感覺就像打嗝。我不知道爲什麼，但就是這樣自然而然冒出來了。」多麼獨一無二又輕鬆自在的方法！他今年四十二歲，是大家競相邀約的多產書法家，但成功對他來說並非一蹴可幾。他母親是職業書法家，他從三歲就跟母親學書法。畢業之後，他的第一份工作是在一家大型資訊科技公司當業務。辭去工作、展開書法家的生涯之後，一開始他很難找到客戶。所以，雖然目前的工作是他怦然心動的理想工作，但能有今天的成績，卻是經過一段時間的努力才有的成果。

我的情況也一樣。對我來說，整理就像呼吸一樣自然，而且樂趣無窮，但過程並非一帆風順。我對整理的熱情從五歲就萌芽，但經過多年的反覆試驗，我才建立了自己的方法，並走到今天。如今，我透過演講、出書、上電視和其他媒體，跟全世界的人分享我的整理法。這部分的工作並不全然有趣，我到現在還是會遇到很多挑戰。不過仔細想想，開始與更多人分享我的整理法還不到十年，所以這部分並不像整理那麼擅長也很合理。一路走來，我一直在學習和進步。

比方說，辭掉人力仲介公司的工作、開始當自由工作者之後，第一學期只有四個人來報名我的課，其中兩個還在最後一刻退了課。在空曠的大會議室裡，我奮力講授我的方法，痛苦地意識到自己的經驗有多不足。我好難受，也爲可憐的學員感到抱歉，恨不得逃出去躲起來。

從那次經驗中，我學到自己欠缺行銷的技巧。於是，我找了很多公共關係和企業管理的書來讀，去聽研討會，參加商業人士的晨會建立人脈，還開了部落格增加曝光率。我沒有一開始就吸引很多人，而是先在社區舉辦小型的短期研習會，人數不超過十人，學員都坐在日式榻榻米上上課。

後來，我在保健生活展上租了一個攤位。爲了吸引群眾的目光，我穿上一般稱作「浴衣」的棉質和服，在腰帶上插一支大扇子，上面寫著「爲您解決整理的各種疑難雜症！」，在展場裡走來走去，推銷我的服務。

藉由這樣的策略，我漸漸能夠開一個月一次的課程，一次收三十人，每次都能額滿；我的個別客戶也開始增加。當候補名單排到六個月後時，開始有人邀我寫一本談麻理惠整理法的書，因此有機會出版第一本書。

書出版之後，還有當我站在幾千人面前演講時，我還是會碰到新的挑戰。但一年年過去，我發現累積愈多經驗，在工作中感受到的心動比例就愈高。

工作是經驗累積的成果，我們透過工作而成長，沒有任何事從一開始就刺激有趣。即使過程並不順利，或當下感覺不對勁，如果它能引領你走向怦然心動的未來，那就把它當作是成長必經之痛。若是你的職場生活並不總是令人心動，別認為這樣就是失敗。你應該做的是，找出當下、此刻有哪些事有助於你更接近理想，享受中間的過程，肯定自己還在成長的事實。相信自己正透過日復一日累積經驗的過程，打造出怦然心動的職場生活。

害怕他人的想法而裹足不前

整理能幫助你找出令自己心動的道路。你會從中發現自己的心之所向、一直想做的事，還有你願意接受哪些挑戰。但當你真正踏上這條路時，興奮之餘或許也會感到惶恐。很多人發現自己想做的事，卻因爲擔心他人的想法而裹足不前。

我就是過來人。我的人生目標是：透過整理，讓愈來愈多人過著怦然心動的每一天。爲了這個目標，我寫書、演講、上各種媒體。幾年前當我回顧自己的人生目標時，我認爲在社群媒體上跟更多人分享我的想法的時候到了。但光是這個念頭就讓我害怕。我擔心若是在公開平台上分享我的想法和生活方式，可能會變成大家批評和討厭的對象。有好長一段時間，我甚至鼓不起勇氣設立自己的社群媒體帳號。

最後我去找日本知名的心理治療師心屋仁之助求助。他剛好也是我的老朋友，我們兩家人常聚在一起。「我眞的很想開始利用社群媒體傳播我的理念，」我告訴他，「但就是鼓不起勇氣。我很怕別人會討厭我，然後開始攻擊我。」

心屋笑著對我說：「別擔心，麻理惠，反正已經有不少人討厭妳了。」其實呢，這是他對害怕自己被討厭的諮詢者一貫的說法。這是他的策略。

「他說得沒錯。」我心想。於是，我忐忑地上網搜尋我的名字。除了我的官方網站和部落格之外，排在最前面的文章就是〈我們爲什麼討厭近藤麻理惠〉。我很震驚，但因爲這次經驗，我的想法有了一百八十度的大轉變。我因爲害怕別人的想法而不敢使用社群媒體，但現在發現在乎也沒用。無論我用不用社群媒體，早就有人在網路上批評我了。

我停下來問自己：因爲害怕被批評就拒絕頻頻呼喚我的道路，我會開心嗎？答案是斬釘截鐵的「不會」！我的內在大聲呼喊：「我想要透過麻理惠整理法跟更多人分享怦然心動的感覺！」於是，我立刻註冊了instagram和其他社群媒體的帳號。結果我受到的批評沒有預期的多，反而是支持我使用社群媒體的人愈來愈多。我貼的訊息和正面新聞登上了網路搜尋排行榜的前幾名。當時的我雖然忐忑不安，現在卻很慶幸自己鼓起勇氣踏出第一步。

世界上有各式各樣的人、觀點和價值觀，我們無法期待每個人都喜歡或理解我們，有人批評是很正常的事。無論我們做什麼事或多麼正派，一定還是有人會誤解我們。這樣的話，因爲害怕批評而選擇不心動的生活方式，多麼可惜啊。

生命只有一次機會。你會選擇什麼？活在對別人想法的恐懼裡？還是聽從自己內心的想法？

史考特的組織心理學家工作術

放掉過去，享受未來

我們常用最大的恐懼、焦慮、過去的失敗經驗，還有他人的批評，塞滿自己的心。雖然大多數人的正面經歷都比負面經歷多，我們記住的卻都是負面經歷，而且這些經歷對心理健康有巨大的影響。當我們開始自我批評時，自信心就會降低。執著於眞正或想像的失敗，未來就會眞的走向失敗，因爲我們滿腦子想的都是自己的「缺陷」。這樣也更難追求理想的工作—生活或是任何目標；因爲老是想著過去的錯誤，還有害怕未來又再度犯錯。別再浪費腦力思考過去、拿自己擁有的或做的事跟別人比較，或是一直想著上週犯的錯。想要拋掉負面想法時，把它寫在紙上。藉由想著那件事，表達你對它的重視，並從中吸取教訓。問自己如果把這看成學習的機會，它能如何幫助你成長？然後把紙丟掉（撕掉、燒了、埋了都可以），想法就會隨著紙張消失。你從中學到教訓，留住了經驗，丟掉了自我批評。

空出時間自我反省

當我想到工作有條不紊的人時，認識的人當中，第一個浮現在我腦海的是我先生河原尚武。他剛好也是麻理惠媒體公司的共同創辦人和執行長，以及我的經紀人。

當我說他「工作有條不紊」時，我指的是他永遠對自己要做什麼一清二楚，然後有效率地完成任務，並且在開心無壓力的狀況下工作。相反地，一個人的工作若是雜亂無章，這就表示他們被必須完成的任務淹沒，工作時也承受著巨大的壓力。

河原會訂出一段辦公時間，專注工作直到完成。他也會馬上處理送到眼前的每樣工作，把球打回別人的場子。他一星期上兩次健身房保持健康，平常會追最新的書和電影，陪我們的兩個女兒玩、做家事，還有時間放空休息。我跟他完全相反，寫書的時候，我常把自己弄得很累，每天被交稿期限追著跑。

那麼，他如何準時並確實地完成工作，同時還有時間像隻又大又可愛的泰迪熊，閒閒在家滑手機？他的工作方式是「樂在工作」的最佳實例，實在令人嫉妒，我決定問問他的祕訣。他的回答很簡單：「我會提醒自己找時間誠實地自我反省。」

河原每兩週會撥一個小時左右，反省自己爲什麼工作、希望透過這份工作達到什麼目標，還有他理想的職場生活是什麼樣子。根據這些反省，他爲自己目前的工作排出優先順序，每天早上工作之前再花十分鐘決定今天要處理哪些事。（我確定我不是唯一爲他自我反省的頻率和時間感到吃驚的人。）

規畫工作的優先順序還只是其中一部分。他還說，反省自己所做的事很重要，這樣才能修正和進步。他每天都會採取80／20法則，就是工作和生活有八〇％的成果來自二〇％的努力。他會評估手上的任務，把不必要或成效低落的拿掉，專注於有成效的事。例如，如果他認爲我們開太多會討論理想的職場生活，他就會把每個月的四次會議減爲兩次，或是把會議時間從六十分鐘減到五十分鐘，這樣就能把多出來的時間和精力投注在最有成效的事上。

他不只會爲工作排出優先順序，也會爲跟誰相處排出優先順序。第一重要的是自我反省的時間，再來是跟家人相處的時間，包括我和兩個孩子，然後是員工、工作夥伴，還有客戶。他說，跟最親近的人保持良好關係讓他態度更好、溝通更順暢（減少因爲溝通不良而引發的問題），生產力也跟著提升。這些到最後都有助於提供客戶更好的服務。

我驚訝地發現，他還在另一家公司任職時就發展出這套方法，而不是在我們公司擔任主管之後才這麼做。我相信他之所以能對工作怦然心動，是因爲他把找時間自我反省、評估目前狀況並加以改進，當成了一種習慣。

我們夫妻整理工作的方法

受了我先生河原和他的理念影響，現在我只要發現工作愈積愈多、工作量變大，或是生產力下降，就會找時間跟他一起自我反省。我們會運用以下三個步驟來整理工作：

步驟①：掌握現實

我們會拿一本大素描本，橫放，畫一條平行線。把線均分成十二等分，標出十二個月份，在每個月份上寫下行事曆上已經決定的所有事，例如：三月：紐約演講；五月：電視錄影；八月：出版新書。我們會在底下寫出我們想做、但時間還沒決定的事，這樣就能清楚完整地掌握某個時間正在進行和即將到來的工作。

步驟②：決定工作的優先順序和時程

下一步是按照每件工作的重要程度排出順序。這時，我們會問自己這類問題：我為這件事心動嗎？它會促成怦然心動的未來嗎？還是無論心不心動，我都得做這件事？判斷一件事「是否會促成怦然心動的未來」時，我們考慮的是它能否幫助我們達成目標，並實現公司的宗旨，那就是「讓世界井然有序」。

決定工作的優先順序之後，再來思考每件事要投入多少時間，並寫在素描本的計畫表裡。我們的基本原則，就是把大部分的心力分配給令人心動或促成怦然心動的未來的工作，只在無論如何都得做的事上花最少的時間。

在素描本寫上每件工作之後，我們會全部再檢查一遍。要是發現投入出版相關工作或品牌知名度的時間太多，就再調整分給每個專案和工作的時間。

步驟③：把專案拆成詳細的工作

以上兩個步驟能對工作有全面的掌握，包括每項工作的優先順序和所需時間。第三步是把每個專案拆解成詳細的工作，然後輸入Google行事曆或寫進記事簿。完成後，我們會再瀏覽行事曆最後一遍。如果認為某個任務並不重要，就把它刪掉或移到其他時間。如此一來，調整過的行事曆上就都是最重要、也最值得投注心力的工作。

這套整理工作的基本方法，不只可以用來整理一年的工作，也可以整理三年的工作，用來詳細檢視某個專案也很好用。一旦開始用這種方式整理工作，我漸漸體認到每天的工作有多重要，工作起來便更有幹勁，也更加專心。透過跟河原一起整理工作的過程，我發現自己因為知道每件事（無論大小）的重要性，所以工作時的心動程度和動力都大幅提升。

工作和生活就是過去選擇的總和

站上世界舞台之後，我愈來愈忙，甚至連思考的時間都沒有。我丈夫就是我的經紀人，總覺得自己一直在對他抱怨。工作順利時，我會對他發牢騷：「我的行事曆好滿，根本沒時間休息！沒休息我要怎麼把工作做好？」工作不順時，我的壓力破表，甚至會說出連寫下來都覺得羞愧的話。「我的員工和學員每個人都很開心，只有我除外！」我會說，「我不斷跟人說怦然心動有多重要，自己卻完全沒做到。」

這種時候，河原會說：「麻理惠，如果妳眞的不想做這件事，隨時可以喊停。如果妳想取消那場演講，我就去聯絡主辦人，跟他道歉。如果妳不想在公司體制下工作，我們可以把公司收了。」他的口氣平靜又全然中立，沒有絲毫的嘲諷或失望，也從來不會給我壓力。

這番話每次都會把我的理智拉回來。我因此想起，那場演講是我當初熱切接受的邀約，當時我把它看成一個絕佳的機會。而且，到美國開公司是我自己的選擇，也是我眞正想做的事。這些事都是我選擇的路延伸出來的工作，因爲我想把麻理惠的整理法傳播出去，分享它爲生活帶來的心動感覺。

上整理課時，當學員就是丟不掉某樣東西時，我都會建議他們放心地把它留在身邊。假如那是他們並不心動但因爲太貴而捨不得丟的皮包，我會鼓勵他們不要把它塞在衣櫃後面，反而要把它跟其他令人心動的包包放在一起。與其每次看見就對它充滿負面情緒，不如對它投以關愛的眼神，感謝它的陪伴。

當我們決定用這種態度留下某樣物品時，這個選擇自然而然就會導致兩種結果：一是發現我們留下的物品已經完成它的任務，我們也準備好放手了；二是我們對它的喜愛日漸增長，將它變成眞正心動的物品。不只整理實體空間如此，我們所做的每個選擇也是。有自覺地留住東西，告訴自己我們選擇留下它們，是因爲我們想這麼做，這樣就能懷著感激跟物品**告別**，或是**留下**物品並好好**珍惜**。

工作和生活就是過去選擇的總和，無論結果如何，都是自己的**選擇**。如果你正在做自己不心動的事，別忘了現在走的路，就是你過去的選擇。以這樣的理解爲基礎，問自己接下來想做什麼。如果你選擇放掉某些事，也要懷著感激放手；如果你選擇繼續，那就抱著信念前進。無論你的決定是什麼，只要是愼重考慮且充滿信心的選擇，一定能幫助你實現怦然心動的生活。

史考特的組織心理學家工作術

你值得怦然心動的工作

知道自己會爲什麼樣的工作心動，能指引你朝理想的工作—生活邁進。享受更乾淨整齊的工作空間，利用整理後多出來的時間和心力，做更心動的工作。自願做些核心工作以外、覺得心動的事，著重於讓你心動的事，並想辦法熟悉這些事（即使還是得繼續做並不心動的事）。盡量跟帶給你喜悅的同事相處，迴避無法帶給你喜悅的同事。

如果這些努力還是無法讓你心中激起心動的感覺，你可能需要更大的改變。如果工作本身讓你心動，你任職的組織卻不然，可考慮換個工作環境。如果同事讓你心動，職位卻不然，可考慮換成同公司另一個更適合的職位。如果你認為目前的工作已經榨乾你的潛能，可考慮換不同類型的工作。然而，要小心，另一邊的草皮往往看起來比較綠，你目前的職位通常還有很多能讓你發揮潛能的地方，還有更多等待你去挖掘的心動感覺。

無論去或留，都不要留戀過去（「我一向都是這樣工作的」）或害怕未來（「我不做這個工作，要做什麼？」）。你目前做事的方法或許很輕鬆自在，但如果不再讓你心動，就要採取行動。對自己理想的工作－生活和實現理想的方法更有自覺，面對下一個職業選擇時，就能清楚掌握什麼對自己來說才是重要的事。

保持「工作—生活」的平衡

有了小孩之後，我們夫妻的生活徹底改變。第一個女兒出生之前，我想像的理想生活方式如下：早上神清氣爽地醒來，換衣服，在小孩醒來之前準備好早餐。白天我會快速又有效率地完成工作，所以下班還有很多時間陪小孩玩；晚上親自下廚，在料理中放入我對家人滿滿的愛，然後全家人一起享用晚餐；睡前我會做點瑜伽，身心放鬆地入睡，疲憊而開心。此外，我的家當然時時刻刻都很乾淨整齊！

那是我的理想，但現實生活可沒那麼簡單。生了小孩之後，我一刻不得閒，心情上也沒有餘裕。當初滿懷理想和憧憬，現在只要睡前有時間刷牙，或知道我的孩子還活蹦亂跳，就謝天謝地了。嬰兒經常醒來，也醒得很早，所以我永遠都睡不飽。因爲隨時都覺得好累，我的專注力大幅降低，開始無法準時完成工作或家事。我努力維持家裡的整潔，但小孩一下把鹽灑到地上，一下開抽屜玩，把原本一格一格收得井然有序的工具弄亂。無論我多常整理，家裡很快就又亂成一團。

有一次，我教會女兒摺衣服之後，她們把我整齊收在抽屜裡的東西全部拿出來，重新「摺好」再放回去。在她們眼中很完美，在我眼裡當然不是！我相信她們只是想自己摺摺看，但當時我領會不到其中的幽默。我把她們罵了一頓，後來因爲自己太沒耐心而相當自責。這種情況連心動的邊都沾不上，更何況是「怦然心動」。直到她們開始上學，情況才漸漸改善。

帶小孩眞的很辛苦，但我學到寶貴的一課：孩子還小時，別太執著家裡一定要百分之百整齊。不過，我很堅持至少某些私人空間要保持整齊，例如辦公室的抽屜要井然有序，或是衣櫥裡的衣服要用我喜歡的方式擺放。有了小孩之後，日常生活的很多面向都很難掌控。因此，把你能夠掌控的空間打造成自己心動的空間才更加重要。打造一個每次置身其中都令人心動的空間，即使只有一個，都能改變我們的心境。

因爲帶小孩而心力交瘁是常有的事，時常有必須出外工作的父母來找我求助。最常見的問題是：「我要怎麼找到工作—生活的平衡？」我給的建議一向是：「從想像你理想的工作—生活平衡開始。」

如前面所說，我跟河原有了小孩之後，工作—生活平衡大幅轉變。從此我們無法再長時間工作，因爲得花更多時間和精力在小孩身上。因爲無法再按照以前的方式生活，我們開始討論什麼樣的工作—生活平衡能讓我們開心。

我們選擇把自己和家人擺在第一位，以此爲核心來規畫工作。這當然就表示我們得推掉更多工作，但我們懷著感激之心放掉這些機會，謝謝來接洽的人，表達日後若時間允許能再合作的期望。因爲這樣，我們得以充飽電，工作起來也更專心、更有效率。例如，因爲訂下一小時內要完成某些工作的目標，我們學會在有限時間內完全專注於工作，在更短時間內交出成果。

我對找到工作—生活平衡的看法，跟我對整理的看法一樣。**先想像自己的理想目標，找出並珍惜令你心動的事，懷著感激放掉不心動的事**。如果你覺得目前的工作—生活平衡不太對勁，問問自己什麼才是最適合自己的平衡狀態，並重新檢視你希望如何使用時間，參考前面提過的我們夫妻整理工作的三步驟。

樂在工作就能樂在生活

「我的工作毫無社會影響力，工作只是爲了賺錢，談什麼怦然心動的工作，對我來說太遙不可及了。」

這是某個學員對我說過的話，或許有些正在讀這本書的讀者也同意她的看法。但我堅信，每個人都可以擁有怦然心動的工作。

我記得五歲時我問過當家庭主婦的母親：「爲什麼妳做家事的時候看起來總是那麼開心？」

她笑著說：「家庭主婦其實是很重要的工作。因爲我在家煮飯、把家裡整理好，妳爸爸才能努力工作，妳才能去上學和健康地長大。這對社會是很珍貴的貢獻，妳不認爲嗎？所以我才那麼熱愛家庭主婦的工作！」媽媽說的話，讓我知道家庭主婦的工作有多美好。我同時也學到，人對社會做出貢獻的方式有很多種。

整理能讓我們覺察，日常生活中的每件事物都很重要。我們不只需要螺絲起子，也需要螺絲，再小的螺絲都不例外。無論看起來多微不足道，所有東西都有它的功用，跟其他東西結合起來才能打造、撐起一個家。

工作也一樣。每種工作都有它的價值，不一定要是偉大的工作。好好檢視你的工作，它如何對公司整體有所貢獻？如何對社會有所貢獻？找到日常工作的意義，讓工作更值得賣力，也更令人心動。事實上，我們面對工作的**態度**，遠比我們從事何種工作更爲重要。相較於工作時壓力大又暴躁易怒，工作時心情愉快，全身散發正能量，對周圍的人才有正面的影響。喜歡這份工作的人愈多，就有更多正面能量散發出去，改變這個世界。如果你工作時散發出開心的能量，這件事本身就是對社會的貢獻。

告訴我，你喜歡你的工作嗎？

你眞正想要的職場生活是什麼樣子？

我相信，整理是實現怦然心動職業生涯的第一步，也是最有效的一步。我們希望你能試試本書提供的建議，從整理實體空間，到整理時間、人脈、決策，一步一步把工作空間整理完成。接著，把時間和心力花在你熱愛的事情上。樂在工作就能樂在生活，爲自己的人生怦然心動。

麻理惠的致謝

訪談的時候，記者常說：「妳生活中的一切一定都是妳怦然心動的事物。」有好多年的時間，我不敢說出事實——其實我的工作並不全然如此。

《怦然心動的人生整理魔法》二〇一〇年在日本出版，當時我才二十幾歲，內心深處相信，因爲我要傳達的信念就是透過整理找到心動的人生，所以我得扮演「開心的麻理惠」，隨時隨地充滿活力。我理想的職場生活是把單調乏味、毫不心動的工作去除，只做自己熱愛和開心的事。我認爲工作的每分每秒都應該樂趣無窮。

寫書和宣傳的時候，我眞的很熱愛自己的工作；接受雜誌和電視的訪談，面對一大群人演講，對我來說都是新奇有趣的經驗；看著書籍銷售量一天一天成長也很刺激。然而，等到我無法再單打獨鬥時，情況就改觀了。

書籍銷售量持續增加，先是破了百萬，後來破了千萬，麻理惠的整理法流傳到其他國家。我被《時代雜誌》選爲世界百大最具影響力的人物，後來我搬到美國成立自己的公司，爲Netflix主持在一百九十個國家播放的一系列節目，甚至到奧斯卡金像獎和艾美獎走紅毯。隨著認識的人愈來愈多，工作漸漸超出我能夠選擇和能力所及的範圍之後，工作的緊張和壓力有時會繃到一個極限，使我不再隨時爲職場生活感到心動。

後來我漸漸學會面對這樣的狀況，如今我在大眾面前自在多了。但能有今天，沿途必須克服許多挑戰，包括人際關係，還有拉近現實和理想之間的距離。寫這本書給了我機會反省自己走過的路，重新檢視沿途的起起落落和我犯過的錯，提醒我工作不只是支撐家庭或貢獻社會的方式，也是個人成長和發展的管道。

這十年來，我更加體會到與人合作的重要性。以前我以爲成功是靠自己的力量達成的事，然而現在，我很感激跟我們一起工作的許多了不起的人，也因爲他們而更加謙卑。其中包括我們在日本和美國的員工、跟我們合作不同專案的商業夥伴、在世界各地傳授麻理惠整理法的整理顧問，還有熱情擁護麻理惠整理法的許許多多粉絲。雖然有點晚，但我在工作中學到，工作是很多人的努力和合作累積而成的結晶。

我們公司的宗旨是讓世界井然有序——盡可能幫助更多人透過整理，選擇自己心動的事物，過著怦然心動的人生。我們想把這個理念傳播到全世界。聽起來或許遙不可及，但我們都很認真想要達成這個目標。之前我花了二十年才破解整理的盲點，發展出麻理惠的整理法，如今也要一步一步往目標邁進，無論花多久時間都無妨。這本書就是朝這個理想前進的一大步。

我深深感謝所有參與這個計畫的人，包括我的共同作者史考特、我們的編輯Tracy、經紀人Neil，以及與我們分享整理過程的許多學員。謝謝我的丈夫河原在工作和生活上給我的慷慨支持，還有我的家人。我希望讀過這本書的人，都能擁有怦然心動的職場生活。如果我跟史考特在書中分享的方法能幫助你們實現理想，那就太可喜可賀了。

史考特的致謝

我們投入那麼多時間和精力在工作上，工作應該是開心的來源才對。我希望書中分享的研究、故事和指引，能幫助各位實現你值得擁有的職涯和人生。麻理惠第一次跟我聯繫時，我從沒想過我們會合寫這本書，並藉由這本書幫助許多人從工作中找回更多快樂、意義、掌控度，甚至單純的判斷力。對於一個花了將近二十年研究、建議和教人如何提升工作的人來說，這就像是夢想成眞。我眞心感謝麻理惠找我一同踏上這趟奇妙旅程。

我感激許多人的幫助，第一個也是最重要的一個，就是我太太Randi。她的智慧和意見讓我寫下的每個字變得更好。有她的支持和鼓勵，這本書才可能完成，過程才如此有趣。與她一起分享寫作的過程，甚至拉近了我們的距離，這是超越文字的一份大禮。

感謝我兩位優秀的研究助理，Amber Syzmczyk和Jessica Yi爲我們安排適合的訪談對象、尋找令人信服的案例，以及調查介入的個案。另外要感謝Kirsten Schwartz提供我有用的研究，還有Derren Barken對整理數位資料的意見。

感謝亞當．格蘭特居中牽線，把我的著作介紹給麻理惠的團隊。

每本書都需要一個捍衛者，我的經紀人Richard Pine巧妙地扮演了這個角色。除了慷慨給我意見、敦促我寫作，把我的稿子改得更有條理之外，沒有他明智的判斷和精準的建議，這本書永遠無法完成。

深深感激Tracy Behar和Little, Brown Spark的整個團隊，包括Jess Chun、Jules Horbachevsky、Sabrina Callahan、Lauren Hesse和Ian Straus。因爲Tracy敏銳的編輯眼光和堅定不移的耐心，這本書才能（遠遠）跨越終點線。

我多麼幸運擁有萊斯大學同仁的支持。Mikki Hebl和Claudia Kolker爲我的初稿提供了寶貴的意見；Jon Miles給了我有關團隊的深刻洞見。我也非常感謝商學院的行政人員，尤其是院長Peter Rodriguez和整個行銷團隊，包括Kathleen Clark、Kevin Palmer和Weezie Mackey。我要特別感謝Laurel Smith和Saanya Bhargava在社群媒體上提供的幫助，還有Jeff Falk在宣傳上的協助。對我來說，這些好同事是我怦然心動的最大來源。

Eurasian Publishing Group
圓神出版事業機構
方智出版社 Fine Press
www.booklife.com.tw reader@mail.eurasian.com.tw
方智好讀 132

怦然心動的工作整理魔法：
風靡全球的整理女王╳組織心理學家，首度跨國跨界合作

作　　者／近藤麻理惠（Marie Kondo）、史考特・索南辛（Scott Sonenshein）
譯　　者／謝佩妏
發 行 人／簡志忠
出 版 者／方智出版社股份有限公司
地　　址／臺北市南京東路四段50號6樓之1
電　　話／（02）2579-6600・2579-8800・2570-3939
傳　　真／（02）2579-0338・2577-3220・2570-3636
總 編 輯／陳秋月
副總編輯／賴良珠
主　　編／黃淑雲
責任編輯／溫芳蘭
校　　對／溫芳蘭・胡靜佳
美術編輯／林韋伶
行銷企畫／詹怡慧・楊千萱
印務統籌／劉鳳剛・高榮祥
監　　印／高榮祥
排　　版／杜易蓉
經 銷 商／叩應股份有限公司
郵撥帳號／18707239
法律顧問／圓神出版事業機構法律顧問　蕭雄淋律師
印　　刷／祥峰印刷廠
2020年9月　初版
2021年1月　5刷

定價310元　ISBN 978-986-175-564-9　

「清理可以幫助你，找回自己以及整個宇宙的節奏，
我們要活在這個節奏當中。」

——《荷歐波諾波諾的奇蹟之旅》

國家圖書館出版品預行編目資料

怦然心動的工作整理魔法：風靡全球的整理女王╳組織心理學家，首度跨國跨界合作／近藤麻理惠（Marie Kondo）、史考特・索南辛（Scott Sonenshein）合著；謝佩妏 譯. -- 初版. -- 臺北市：方智，2020.09
256面；14.8×20.8公分 --（方智好讀；132）
譯自：Joy at work : organizing your professional life
ISBN 978-986-175-564-9（平裝）

1.事務管理　2.檔案整理　3.工作效率

494.4　　109010356